CHE IDEA!

LE INVENZIONI CHE HANNO CAMBIATO IL MONDO

Illustrazioni di Giuseppe Ferrario

San Dorligo della Valle (Trieste)

A Story By Book On a Tree Ltd

Redazione: Studio Editoriale Scarabocchio

ISBN 978-88-477-3420-3

www.edizioniel.com

CHRISTIAN HILL

CHE IDEA!

LE INVENZIONI CHE HANNO CAMBIATO IL MONDO

EDIZIONI EL

Il riscaldamento centralizzato
Il tepore che circonda

80 a.C., Golfo di Napoli

Era una giornata piovosa, d'autunno. Il mare era grigio e butterato, quasi dimesso sotto al diluvio.

Caio Sergio aprí una delle sue ostriche usando un tozzo pugnale di ferro. L'annusò, sorrise, chiuse gli occhi e si versò il mollusco in bocca, inclinando con attenzione il piatto guscio grigio. Amava le ostriche.

Le allevava nel piccolo lago Lucrino, a ridosso del mare. Le faceva consegnare alle piú ricche famiglie di Roma, trasportandole in cisterne d'acqua montate sui carri. A Roma le ostriche erano diventate una passione molto alla moda tra i personaggi piú influenti e, grazie a questa attività, Caio Sergio stava diventando l'uomo piú ricco della Campania.

Uno schiavo scostò una tenda, entrò nella stanza e attese che il suo padrone gli desse il permesso di parlare.

Caio, pur consapevole dell'ingresso dell'uomo, si godette ancora per qualche secondo il piacere di spingere con la lingua il mollusco sul palato, prima di deglutire, sospirare e aprire gli occhi.

– Dimmi.

– È arrivato lo *structor*.

– Fallo entrare.

Caio Sergio si alzò e si riordinò le pieghe della toga. Stava ingrassando. Sorrise, passandosi le mani sulla pancia: – È segno di benessere, – dichiarò, parlando da solo.

Lo *structor*, un mastro muratore di una certa fama nella zona, entrò nella stanza. Aveva i capelli brizzolati e le mani grosse e callose, con la pelle scolorita e secca di chi maneggia tutto il giorno la calce.

– Gradisci un'ostrica? – esclamò sorridendo Caio Sergio.

Lo *structor* aveva sentito parlare delle famose ostriche, ma non aveva mai avuto la possibilità di assaggiarne una. Erano troppo care.

Annuí senza alzare lo sguardo e ne prese una. Si passò il guscio tra le mani, domandandosi come si potesse mangiare quella cosa cosí simile a un sasso bagnato.

– Dammi qui, – gli disse Caio Sergio, allungando una mano. – Te la apro. Mi raccomando, non masticarla: lascia che ti si sciolga in bocca.

Lo *structor* eseguí le istruzioni... e a fatica riuscí a reprimere l'istinto di sputare il mollusco. «Che schifezza!» pensò. Ma lo inghiottí, senza dire nulla.

– Squisita, vero? – domandò Caio Sergio. Ma prima che lo *structor* potesse trovare una risposta diplomatica, l'allevatore di ostriche lo prese sottobraccio e lo accompagnò fuori dalla sua villa. – Ci bagneremo un po', con tutta questa pioggia, – gli disse, stringendosi le spalle. – Ma devo farti vedere una cosa.

Una camminata di pochi minuti. La pioggia sembrava essere diminuita, ma prima di giungere a destinazione erano già fradici. Arrivarono sulla riva. Una

struttura in muratura partiva dalla costa, compiva un ampio semicerchio nel mare e si ricongiungeva alla terraferma qualche centinaio di metri piú in là. Sporgeva di due o tre spanne sul pelo dell'acqua, in modo che le onde potessero superarla, e una serie di aperture ad arco lasciava defluire l'acqua della risacca. Lo *structor* conosceva bene questo tipo di struttura: erano recinti per l'allevamento di pesci. Ne aveva anche costruito qualcuno lui stesso, vicino a Pompei.

– Qui, mio caro, – disse Caio Sergio, – avevo pensato di allevare i miei pesci preferiti, le orate. Pensa, – aggiunse, senza trattenere una risatina, – le adoro a tal punto che i miei amici hanno cominciato a chiamarmi «Orata»!

Lo *structor* annuí. Non capiva perché fosse stato chiamato lí: il recinto sembrava in ottime condizioni.

– Ma non lo farò. E lo sai perché?

Lo *structor* si limitò a guardare il ricco allevatore, in attesa della risposta.

– Le orate non amano il mare freddo. Nei mesi invernali si spostano a sud. Ma perché un'orata diventi una femmina e produca uova, devono passare alcuni anni. Capisci il problema?

Lo *structor* era esperto di mattoni, calce, pietre. Ma della vita dei pesci non sapeva nulla. E gli stava bene cosí.

– Se io trattengo le mie orate nei mesi invernali, per farle maturare in femmine, muoiono. E se le lascio andare a sud... be', poi non le ho piú, no?

Stava smettendo di piovere, le nuvole ormai lasciavano cadere solo fini, fastidiose, goccioline. Lo *structor*, benché abituato a lavorare all'aria aperta, sotto al sole o sotto alla pioggia, non comprendeva perché dovessero fare questa chiacchierata proprio lí, al freddo.

– Torniamo alla villa, – disse Caio Sergio. La toga inzuppata gli aderiva alle pieghe di grasso. – Voglio mostrarti ciò che ho in mente.

Lo schiavo forní a Caio e allo *structor* dei panni con cui asciugarsi un po' viso e capelli.

– Voglio allevare le mie orate in vasche, – dichiarò Caio Sergio, impugnando uno stilo e lisciando una tavoletta di creta.

– Ma io che c'entro? – chiese lo *structor*. La sua voce era roca, tentennante. La voce di chi è abituato a parlare poco.

– Voglio che le mie vasche siano riscaldate.

Lo *structor* lasciò che i suoi occhi facessero un giro esplorativo della stanza. C'erano due bracieri di bronzo, negli angoli opposti del locale, su cui dei mucchietti di brace riscaldavano (a fatica) l'ambiente. Non avrebbero funzionato sott'acqua.

– Guarda.

E Caio Sergio cominciò a disegnare. Non aveva la mano salda e veloce di chi fa disegni con stilo e creta quotidianamente. Ma lo *structor* capí dalla sicurezza del tratto che l'allevatore aveva eseguito questo disegno piú e piú volte, affinandolo sempre piú.

– Voglio scaldare l'acqua con un fuoco, – spiegò Caio. – Brucerà qui, in questa fornace.

Lo *structor* seguiva lo stilo muoversi sulla creta, con crescente curiosità.

– Il fumo, l'aria calda del fuoco, voglio che scorrano qui sotto –. Batteva lo stilo sulla creta con insistenza. – Qui, capisci? Si può fare? Qui, sotto alle vasche?

Lo *structor* scosse la testa. Il fumo scorreva nei camini, non sotto a vasche o pavimenti. Era cosí che funzionava l'architettura, da sempre.

– Perché non si può? – strillò Caio Sergio. – Spiegami perché non si può fare!

«Già», si chiese lo *structor*, cercando una risposta. Cominciava a perdere fiducia nelle sue convinzioni. «Perché no?»

– Rialziamo il pavimento, – continuava Caio Sergio, picchiettando con lo stilo sulla tavoletta di creta. Il disegno era ormai nascosto da una nuvola di puntini. – Non molto. Ritengo che possa bastare tanto cosí ,– e con la mano indicò un punto poco piú alto del proprio ginocchio.

– Potremmo costruire delle colonnine, – azzardò lo *structor*, piano. Sembrava non volersi esporre troppo.

– Infatti! Come in un tempio. Tante colonne che reggono il fondo della vasca come se fosse un tetto. E tra di loro possono scorrere il fumo e l'aria calda!

– E poi? Da dove escono?

Il viso di Caio Sergio si allargò in un sorriso soddisfatto: aveva la risposta pronta. – Dentro le pareti. Ci mettiamo dei tubi, delle cavità, cosí il fumo può salire, poi radunarsi e uscire da un comignolo.

Suo malgrado, anche lo *structor* sorrise. – Sí. Credo che si possa fare.

– E allora facciamolo! – gridò Caio Sergio Orata, elargendo una possente pacca sulla spalla dello *structor*. – Vuoi un'altra ostrica?

– No, grazie, – replicò l'uomo, mettendo le mani davanti a sé.

Naque cosí l'ipocausto, cioè il sistema di riscaldare gli ambienti mediante canalizzazioni di aria calda sotto il pavimento e dentro le pareti. È il precursore dei nostri riscaldamenti centralizzati. Caio Sergio Orata, dopo aver applicato il principio alla sua vasca per l'allevamento di pesci, lo applicò anche alle lussuose ville sulla costa, che cominciò a vendere con molto profitto. Il sistema venne poi adottato anche alle terme pubbliche di Roma e se ne possono vedere ancora i resti, per esempio, nelle Terme Stabiane di Pompei.

La carta
L'invenzione per l'imperatore

89 d.C., Luoyang, capitale della Cina durante la dinastia Han

Cai Lun uscí dal poderoso cancello e in un istante si ritrovò proiettato nel frastuono e nel caotico andirivieni di uomini, donne e animali. Cosí diverso dall'interno del Palazzo imperiale, dove non volava nemmeno una mosca e tutto si svolgeva in silenzio, con ordine e precisione. E con uno scopo.

L'uomo sapeva dove andare: la taverna di Li Quan, a una decina di minuti di passeggiata nella folla.

Il figlio del padrone della locanda lo conosceva bene: il funzionario di corte amava passare le sue serate seduto a un tavolo appartato della grande sala, in compagnia di una candela, una bottiglia di Maotai e i suoi pensieri. Fece un rapido inchino all'ospite e lo accompagnò al solito tavolo. – Maotai, signore?

Cai Lun annuí.

Quando la bottiglia di candida porcellana arrivò sul tavolo, Cai Lun si versò una generosa porzione di liquore. Alzò il bicchiere e disse, a voce non troppo alta: – Al futuro!

Era appena stato al cospetto dell'imperatore Zhang e questi l'aveva promosso a responsabile della manifattura degli strumenti e dell'armamento. Un incarico di prestigio, che gli avrebbe permesso di avere onore e guadagni. Ma era anche una posizione rischiosa: non essere all'altezza dei desideri dell'imperatore poteva costare molto caro.

Nessuno, tra le persone che gli stavano attorno, sembrava averlo sentito, ognuno preso dalle proprie conversazioni. Una coppia di uomini (secondo Cai Lun erano mercanti dell'est, forse di Shanghai) stavano discutendo, con evidente eccitazione, di denaro e del valore che si poteva attribuire a qualcosa che avevano piazzato sul tavolo, in mezzo ai bicchieri e agli avanzi di un pasto abbondante.

La curiosità di Cai Lun ne fu subito stimolata. – Scusate, signori, – disse, alzando un poco la voce in modo da catturare la loro attenzione. – Posso vedere ciò di cui state discutendo?

I due mercanti si interruppero, lo analizzarono osservandolo da testa a piedi, poi si scambiarono un'occhiata. – Perché? – chiese uno di loro, lisciandosi i lunghi baffi che dagli angoli della bocca scendevano di almeno una spanna sotto il mento.

– Il mio nome è Cai Lun. Sono responsabile della manifattura per conto dell'imperatore. Mi interessa ogni cosa.

Un'altra occhiata tra i due uomini. Lo sguardo sospettoso, rimbalzando tra gli occhi dell'uno e quelli dell'altro, si trasformò in cupidigia. Forse c'era un affare, nell'aria. Uno agguantò il sottile foglio bianco e lo passò al funzionario imperiale.

– Cos'è? – chiese Cai Lun passandoselo tra le mani. Era un foglio piatto, sottile, bianco.

– La chiamiamo carta. Ci si può scrivere sopra, – spiegò uno dei mercanti.

Cai Lun rinnovò il suo interesse per l'oggetto. Fino a quel momento, l'impero aveva scritto sul bambú, pesantissimo da trasportare, o sulla seta, carissima e fragile.

– Chi la produce? – si informò.

I due mercanti si scambiarono un'occhiata, poi fecero un gesto vago. – Non si sa, – cominciò uno dei due.

– Alcuni contadini, nelle campagne, – continuò quello con i baffi lunghi. – Ma c'è chi la fa bene e chi la fa male. Ogni tanto ce ne capita qualche foglio per le mani, e cerchiamo di piazzarla al migliore acquirente.

– È un metodo antico, quasi sconosciuto... – proseguí il primo. – Vale molto, – sottolineò poi, annuendo con foga. – Specie quella che ha in mano, signore. È di eccellente qualità.

Cai Lun se la passò tra le dita e la osservò sfaldarsi in pochi secondi. Forse ci si poteva davvero scrivere sopra, ma non sarebbe durata a lungo. Di certo non era adatta ai documenti imperiali. – Questa la confisco, nel nome dell'imperatore, – dichiarò, comunque.

– Ma! – protestarono i due mercanti.

– Vi lascio il mio Maotai. Beveteci sopra! – disse alzandosi e lasciando il locale.

All'aperto, si appoggiò al muro della taverna, in un punto ben soleggiato. Strinse gli occhi e cominciò ad analizzare il foglietto, strappandone piccoli pezzi, osservandoli in controluce, annusandoli, assaggiandoli, graffiandoli con le unghie. – Fibre, – mormorò. – Fibre essiccate.

Due giorni piú tardi, il materiale che aveva ordinato gli fu consegnato nel giardino adiacente al suo alloggio: corteccia di diversi alberi, stracci di cotone e lana, corde di canapa, reti da pesca. I cumuli erano stati ammonticchiati senza un preciso ordine qua e là nel piccolo appezzamento.

– Che fai, Cai? – chiese un suo vicino di casa, ridacchiando. – Raccogli rifiuti, adesso?

Anche il vicino lavorava al Palazzo

imperiale, ma non occupava un incarico di prestigio quanto Cai Lun.

– Sto svolgendo una ricerca per conto dell'imperatore, – mentí.

– Be', spero che la tua ricerca non puzzi troppo, – dichiarò l'altro, alzando il naso al cielo e andandosene impettito.

Cai Lun aveva fatto portare una cisterna d'acqua e l'aveva fatta mettere sopra a un grande focolare.

– Fibre, – mormorava mentre toccava, annusava, palpava, assaggiava i diversi tipi di corteccia, gli stracci... e persino le vecchie reti da pesca. E poi gettava questo o quello nel calderone dove bolliva l'acqua.

Di tanto in tanto rimestava l'intruglio. Ne ripescava una massa molliccia e informe, la stendeva su una pietra piatta e la studiava, toccandola con un bastoncino e scuotendo la testa, insoddisfatto. E poi aggiungeva ancora un po' di corteccia di quest'albero, o un lembo di corda. O una rete da pesca.

Continuò per tutto il giorno.

Verso sera, il suo vicino rientrò. – Cai, stai ancora trafficando con quei rifiuti?

Ma Cai Lun non gli rispose.

Per giorni e giorni continuò a sperimentare diverse «ricette».

Piú corteccia (quella di sandalo gli sembrava particolarmente efficace), meno lana. Piú cotone. Un pizzico di reti da pesca in piú. Forse una manciata di vecchie corde di canapa.

Il vicino, ormai, non gli dava piú retta.

Poi, un mattino, Cai Lun esclamò: – Ci siamo!

Rovesciò la massa biancastra su un setaccio piatto e, passandoci sopra un matterello, cercò di strizzarla il piú possibile.

– Ci siamo! Ci siamo! – esclamava di tanto in tanto.

Stese la pasta umida su una tavola di legno, la coprí con un'altra tavola e la schiacciò con un cumulo di sassi, demolendo cosí la composizione di pietre che il suo vicino tanto amava.

Poi attese, lasciando che il sole facesse il suo lavoro.

Il sole se la prese comoda: ci mise quasi due settimane ad asciugare del tutto lo strato di poltiglia pressato tra le due tavole. Ma quando Cai Lun lo estrasse, si ritrovò tra le mani un foglio abbastanza sottile, quasi bianco (a parte qualche venatura piú scura e una macchia rossa arrivata da chissà dove) e decisamente piú resistente del foglietto confiscato ai due mercanti.

Corse in casa, prese pennello e inchiostro e cominciò a scriverci sopra.

La carta assorbiva il pigmento senza generare sbavature: la scrittura era nitidissima.

Gongolando, arrotolò il foglio di carta, se lo mise sottobraccio e corse a Palazzo.

L'imperatore, quando gli diede udienza, studiò con attenzione il foglio. – Ci interessa, – disse infine accantonandolo.

Cai Lun sapeva di avere colpito nel segno.

Oggi non si usano piú stracci, corde e reti da pescatore: le fibre che formano la nostra carta derivano dalla cellulosa di alberi che vengono allevati apposta in grandi foreste sostenibili dedicate all'industria cartacea. Ma, a parte l'industrializzazione, il procedimento non è molto diverso.

La Matita
una faccenda molto politica

1795, Parigi, Francia

L'anticamera dell'ufficio di Lazare Carnot sembrava essere stata pensata apposta per mettere a disagio gli ospiti. Un divano di velluto rosso, sontuoso nell'aspetto, rivelava invece una seduta scomodissima, con le molle che premevano insistenti nei glutei dei malcapitati. Un immenso quadro che rappresentava una sanguinosa battaglia offriva quella giusta combinazione di cupezza e violenza da togliere ogni velleità di buonumore a chiunque si trovasse a osservarlo (cioè a tutti, visto che era appeso proprio di fronte allo scomodo divano rosso). Per finire, il braciere troppo piccolo non riusciva a conferire al locale la temperatura minima necessaria al benessere umano, ma era invece piú che sufficiente per dare all'aria viziata della stanza un fastidioso retrogusto di fuliggine.

La doppia porta di pesante legno di mogano si spalancò di colpo e Carnot uscí dal suo ufficio e allargò le braccia. I capelli ricci cadevano accuratamente disordinati sulla fronte. Il naso, largo e tondeggiante, dominava il viso e teneva ben separati i due occhi grandi. L'uomo, oltre a essere un generale e un matematico, era soprattutto un uomo politico di grande levatura. Indossava l'uniforme azzurra dell'esercito, ma un'infinità di larghi ricami d'argento decoravano baveri, colletto e polsini e proiettavano sul viso dell'uomo lucenti riflessi di luce ogni volta che incontravano un raggio di luce solare.

– Conté, – esclamò. – Venga avanti.

Nicolas-Jacques Conté si alzò dal divano. Cercando di non farsi notare, si massaggiò il sedere indolenzito. Era un ufficiale dell'esercito francese che si dilettava con la pittura e il volo con i palloni aerostatici. E, soprattutto, aveva fama di essere uomo dall'acuto ingegno.

– Eccellenza, – mormorò, avanzando verso l'uomo politico che lo attendeva, sempre con le braccia aperte.

– Ho una missione per lei. La prego, voglia accomodarsi nel mio modesto ufficio.

L'ufficio di Carnot era tutt'altro che modesto. Enormi colonne di marmo circondavano la scrivania intarsiata d'oro su cui trovavano a malapena posto due enormi busti di marmo. Conté non li riconobbe e pensò che non fosse il caso di interrogare l'uomo politico sull'identità delle due sculture.

L'ospite non si era quasi ancora seduto che Carnot gli spinse in mano una matita.

– Lei sa cos'è questo oggetto, suppongo, – esclamò il politico, sedendosi dietro alla sua scrivania. Il suo viso faceva a malapena capolino tra le due enormi nuche di marmo.

– È una matita, – balbettò Conté.

– Bravo. È proprio una matita, – si complimentò Carnot. – Lo sa a cosa serve?

– Be', a scrivere, direi –. Conté era sempre piú confuso dalla bizzarra conversazione.

– Non solo. La matita permette al popolo intero di scrivere. È un fondamentale strumento per l'avanzamento culturale della nazione. Lo capisce questo?

Conté annuí. Non aveva mai considerato le cose sotto quell'aspetto, ma poteva essere vero.

– Molto bene. E lo sa qual è il problema della matita?

– No.

– Glielo dico io, allora, caro Conté. La grafite è l'anima della matita. Gli italiani hanno pensato di rivestirla di legno, ma senza grafite pura la matita, oggi, non esiste. Lo sa dov'è l'unico giacimento di grafite pura al mondo, per quello che si sa oggi?

Questa, Conté la sapeva. – In Inghilterra, – rispose.

– Esatto. E come immagino lei sappia... io detesto l'Inghilterra! – gridò Carnot.

Conté ne era al corrente.

– C'è un altro giacimento, di qualità molto

inferiore, in Germania, – continuò l'uomo politico, con voce piú calma.

– Ah.

– Ma nemmeno la Germania può essere considerata nostra amica.

– Certo, – concordò Conté, giusto per non far arrabbiare Carnot.

– Ecco dove entra in gioco lei, caro Conté –. Il sorriso era tornato sulle labbra dell'uomo politico.

– Ah, sí?

– Desidero che lei aguzzi l'ingegno. E inventi una matita nazionale, francese. Che non dipenda né dalla grafite tedesca né, tantomeno, da quella inglese.

– Uhm, – mormorò Conté.

– La vedo perplesso.

– Non mi piace prendere impegni senza aver prima approfondito la questione, signore.

– Quisquilie! – esclamò Carnot alzandosi in piedi e indicando la porta a Conté. – Ho fiducia in lei.

Conté lasciò l'ufficio in preda a una certa preoccupazione. Gli era stato ordinato di inventare qualcosa senza che fosse mai stata condotta una ricerca che indicasse che quella cosa potesse essere davvero inventata. – In che situazione mi ha ficcato, – si lamentò, parlando da solo mentre camminava lungo la riva del fiume Senna.

Sapeva che la grafite, strisciando sul foglio di carta, lasciava una scia scura. Ragionò che ciò che accadeva poteva essere paragonato allo sbriciolarsi della mina. «Sbriciolarsi», disse, tra sé e sé. Poi corse verso casa.

Appena giunto alla sua scrivania, tracciò una linea con la matita che gli aveva messo in mano Carnot. Poi, usando un coltellino ne sminuzzò la punta di grafite, tritandola fino a ottenere una polvere fine. Vi intinse il dito e lo passò sul foglio. La grafite sbriciolata tracciava ugualmente il segno. – Mi basta polvere di grafite... – ragionò. – Devo solo trovare qualche modo per tenerla insieme.

La polvere di grafite era disponibile anche in Francia. Vi erano infatti diverse miniere dalle quali si poteva estrarre la grafite in piccoli noduli, inadatti a essere tagliati in mine ma adattissimi a essere sbriciolati.

Nei mesi successivi, Conté si procurò una certa quantità di grafite che fece sbriciolare, e poi cominciò a sperimentare diversi leganti per creare una mina che fosse in grado di depositare la polvere di grafite sul foglio, senza essere però fatta di sola grafite pura.

Man mano che passava il tempo, i risultati diventavano sempre piú incoraggianti, e la fiducia di Conté nella possibilità di successo crebbe di pari passo.

Venne il giorno in cui si trovò di nuovo a sedere sulle scomode molle del divano rosso di Carnot.

Quando l'uomo politico lo fece entrare nel suo ufficio, Conté era sorridente e tranquillo. Sapeva di avercela fatta.

– Mi stupisca, caro Conté, – lo esortò Carnot.

L'inventore estrasse dal taschino una matita identica a quella che gli aveva dato Carnot mesi prima. – Ecco qua, Eccellenza.

L'uomo politico la studiò qualche istante, poi tracciò una linea su un foglio di carta. – Funziona, – esclamò. – Ma è tutta francese?

– Tutta, Eccellenza. La mina è formata da polvere di grafite, che possiamo produrre qui in Francia, mescolata con argilla e cotta in forno.

Carnot scrisse alcune parole sul foglio. – Direi che funziona perfettamente.

– Non solo, Eccellenza. Provi queste due, – suggerí Conté, passando al politico altre matite.

Carnot le provò: la prima aveva un tratto piú chiaro, molto sottile, mentre la seconda un tratto piú scuro e decisamente piú largo. – Ohibò, – esclamò l'uomo politico. – Che succede a queste matite?

Conté sorrise. Parlò cercando di non sembrare immodesto. – Ho scoperto che variando le

proporzioni tra argilla e polvere di grafite, si possono ottenere caratteristiche di scrittura diverse. Piú dure o piú morbide, diciamo.

– Ha! – gridò Carnot. – Questo, le matite inglesi non lo fanno! Alla faccia della loro grafite purissima! –. L'uomo si alzò, fece il giro della scrivania e dei due busti e porse entrambe le mani al suo ospite. – Bravo! Bravo, Conté. La Francia le è grata, e saprà ricompensarla.

Nicolas-Jacques Conté inventò la matita moderna, quella che utilizziamo ancora oggi, con le sue diverse gradazioni di durezza. La marca di matite Conté è tuttora in commercio.

IL TRENO

LA FORZA DEL VAPORE

1797, miniere di stagno, Galles

Pioveva a dirotto. Due uomini, avvolti in pesanti mantelli, con gli stivali che sprofondavano nel fango e il freddo che penetrava nelle ossa, osservavano la macchina.

Era enorme, mostruosa, sbuffava e cigolava. La gigantesca ruota del volano girava lentamente ma teneva in vita la miniera: pompava fuori l'acqua che allagava alcune delle gallerie piú profonde, spingeva aria fresca nel labirinto di cunicoli sotterranei, sollevava verso la superficie il minerale scavato dai minatori a colpi di piccone.

– Figlio mio, – disse il piú anziano, responsabile di questa come di diverse altre miniere. – La macchina ci costa piú di quanto ricaviamo dall'estrazione di stagno.

L'altro uomo, suo figlio, si chiamava Richard Trevithick. – Stai pensando di tornare ai cavalli?

– Non si può. Ma tra la tassa che dobbiamo all'ingegner Watt per via del suo brevetto e il costo del carbone, questa macchina ci porterà alla rovina.

Richard raddrizzò le spalle. Stimava James Watt, l'inventore del motore a vapore: era stato un'ispirazione per lui e i suoi successi avevano spinto il giovane gallese a dedicarsi alla meccanica. Ora, a ventisei anni, questi si era già fatto un certo nome come consulente per il funzionamento delle diverse macchine che erano state installate nella zona delle miniere di stagno.

– Dobbiamo pensare a una macchina diversa, – mormorò il giovane.

– Watt ha un brevetto molto stringente sulle sue invenzioni, – si lamentò il padre.

– Allora dovremo inventarci qualcosa di diverso.

Richard si avvicinò alla macchina. Il vapore, generato nella caldaia a carbone, azionava un pistone e faceva girare la grande ruota. Poi veniva raffreddato per tornare a essere acqua e ricominciare il ciclo.

– Ma perché? – mormorò Richard.

Suo padre l'aveva raggiunto. Era poco dietro di lui e si stava mettendo a posto il bavero del mantello fradicio. – Perché? Parlami di picconi, parlami di vene di minerale, parlami di stagno e posso chiarire ogni tuo dubbio, figlio mio. Ma sui perché di questa macchina infernale... – Il vecchio Trevithick strinse le spalle. – Non ho nessuna risposta.

– Secondo me, usiamo energia per riscaldare l'acqua. E poi usiamo energia per raffreddarla. Usiamo un sacco di energia.

– Te l'ho detto: questa macchina mangia carbone come un bruco mangia l'insalata. Un bruco sempre affamato. Nelle miniere di carbone questo non è un problema: loro di carbone ne hanno quanto ne vogliono. Noi, invece, dobbiamo comprarlo. Farlo arrivare fin qui... Lo sai quanto costa far arrivare una tonnellata di carbone?

Richard non sembrava ascoltarlo. – E poi, vedi quell'apparecchio lí? – chiese, indicando un ingrossamento in una delle condutture del vapore.

– Cos'è?

– Quello è il condensatore. Serve a trasformare il vapore di nuovo in acqua. La vedi quella valvola?

Il padre annuí.

– Serve a limitare la pressione, lí dentro. Se la pressione sale troppo, si apre. Altrimenti scoppierebbe tutto.

– Questo non lo vogliamo, – dichiarò il vecchio Trevithick, cominciando subito a calcolare i costi supplementari che un'esplosione avrebbe provocato.

– E, non dimentichiamocelo, è proprio

quell'affare lí, il condensatore, la chiave del brevetto di Watt.

Trevithick padre annuí di nuovo. – Non dimentichiamocelo, – ribadí. Aveva perso il filo del ragionamento del figlio ma non voleva darlo a vedere. Attese che Richard aggiungesse qualcosa, ma il figlio sembrava del tutto preso dai suoi pensieri. Muoveva silenziosamente le mani, indicando il percorso delle tubazioni. Le sue labbra formavano parole, ma non usciva alcun suono.

– Figlio mio? – chiese il padre, dopo diversi minuti. – Tutto a posto?

– Ho un'idea.

Tre mesi piú tardi, Richard chiamò il padre nella sua officina.

– Guarda! – esclamò, pieno di orgoglio mentre con entrambe le mani indicava una macchina a vapore, decisamente piú piccola di quella installata alla miniera. Ma, soprattutto, questa macchina era stata montata su un carro. La caldaia era accesa e un flusso di vapore stava sibilando da una valvola aperta.

– Cha diavoleria è questa, figliolo?

Il giovane Trevithick iniziò a descrivere la sua invenzione. Spiegò come aveva provato a togliere il condensatore lasciando

che il vapore, dopo aver spinto il pistone, venisse liberato nell'aria. Indicò come questo permetteva di usare pressioni piú alte, e ottenere quindi maggiori potenze a parità di carbone bruciato. E come l'assenza del condensatore fosse un'altra fonte di risparmio di energia, e quindi di carbone.

– Mi stai dicendo, figliolo, che avendo tolto quell'affare ora la nostra macchina consuma meno?

– Sí, e ti sto anche dicendo che senza condensatore non dovremmo piú nulla all'ingegner Watt, visto che il suo brevetto non ci coinvolgerebbe piú. E che con una macchina molto piú piccola potremmo avere la stessa potenza della macchina di Watt che abbiamo ora.

Il vecchio Trevithick non stava piú nella pelle. Abbracciò il figlio, stringendolo fino a fargli perdere il respiro. – Ma tutto questo è fantastico, – gorgheggiò. Poi si fece serio: – Ma perché il carro?

– Ah! – gongolò il figlio. Aveva gli occhi spalancati e il sorriso che faceva capolino tra un respiro e l'altro. – Vedi, visto che questa macchina è piú piccola, piú leggera... ho pensato di montarla su un carro.

– Per spostarla di qua e di là? A che scopo? Se serve in un posto... be', serve lí, non altrove.

– No, non esattamente. Guarda, – e corse alla macchina. Chiuse il rubinetto della valvola aperta e il flusso di vapore si fermò. Un istante piú tardi, la ruota-volano cominciò a girare lentamente, mentre il pistone sbuffava ed eruttava nuvole di vapore. Alla ruota di ferro, tramite degli ingranaggi, erano collegate le ruote del carro. Anche queste cominciarono a girare e il carro, piano piano, cominciò a muoversi.

Il vecchio si portò entrambe le mani alla bocca. – Oddio! – esclamò.

Il giovane annuiva, il sorriso che sembrava volergli collegare le orecchie. – Già. Già.

Il marchingegno, tra qualche cigolio e molti

ansimi, si stava muovendo con una certa decisione verso un albero.

– Maledizione! – gridò Richard, mettendosi a correre dietro alla sua invenzione.

– Maledizione! – gridava ogni dieci falcate, mentre cercava invano di raggiungerla.

Fu la strada a fermarla, prima del disastro. Le ruote, che scavavano profondi solchi nel terreno morbido, si impantanarono in un tratto fangoso. E, nonostante tutto lo sbuffare e l'ansare della macchina, sembravano non volersi piú muovere.

Richard, con i polmoni che stavano per scoppiare dallo sforzo, raggiunse infine il carro e aprí la valvola di sicurezza, liberando il vapore. Poi si sedette sulla terra umida, a riprendere fiato.

– È troppo pesante per queste strade, – disse il padre, scuotendo la testa, quando lo raggiunse. – Peccato.

– Già. Bisognerà inventarsi qualcosa.

Il vecchio Trevithick si sedette accanto al figlio.

– Sai, figliolo, in miniera i carrelli per il trasporto del minerale sono davvero pesanti. Noi li facciamo correre su rotaie di ferro...

Richard Trevithick, oltre ad aver inventato una macchina a vapore piú efficiente, continuò a sviluppare la sua locomotiva a vapore. Una decina di anni dopo ne portò un esemplare dimostrativo a Londra: una giostra con un percorso circolare di binari su cui correva una locomotiva chiamata «Mi prenda chi ci riesce». La grande diffusione delle strade ferrate e delle locomotive, però, avvenne soltanto una trentina di anni piú tardi, grazie ai binari piú resistenti e alle piú potenti locomotive dell'inglese George Stephenson.

La Bicicletta

Il cavallo di legno

1839, Dumfries, Scozia

– Kirk? – gridò Ian, entrando nella piccola bottega dove il giovane Kirkpatrick Macmillan esercitava la sua professione di fabbro. Questi era un ragazzone di ventisette anni con le spalle larghe, una zazzera rossa e un sorriso innocente. Kirkpatrick e Ian si conoscevano sin da bambini: erano stati una coppia di discoli che, grazie alle loro marachelle, si era guadagnata una certa notorietà in tutto il paese. – Hai ancora molto? C'è una nuova cameriera, al pub, che vorrei presentarti.

Kirkpatrick, che indossava solo un grembiule di cuoio sul torso nudo, stava martellando un pezzo di ferro rovente, modellandone la forma e trasformandolo lentamente in un pezzo di cancello.

– Devo finire qui, Ian. Un quarto d'ora, – disse, infilando di nuovo il pezzo di ferro tra le braci ardenti e azionando il mantice per aumentarne la temperatura.

– Ti secca se ti aspetto? – disse Ian, cominciando a gironzolare per la bottega.

Kirk continuò a lavorare.

– Ehi! – esclamò l'altro ragazzo dopo qualche minuto. – E questo cos'è?

– Cosa? – chiese Kirk, senza spostare lo sguardo e senza smettere di martellare con vigore.

– Questo aggeggio di legno, qui dietro –. Ian stava spostando alcune barre di ferro per liberare un marchingegno di legno. Due grosse ruote, bordate di ferro, collegate da una trave.

– Ah, quella. È una drasi... dris... ah, sí: *draisienne*. Credo si chiami cosí –. Kirk aveva infilato di nuovo il ferro tra le braci e ora stava osservando l'amico, tenendo conserte le braccia muscolose.

– Dove l’hai presa? – chiese Ian quando l’ebbe finalmente liberata.

– L’ho fatta io, – Kirk non riuscí a nascondere una venatura d’orgoglio nella sua voce. – Ne avevo vista una, da ragazzo, saranno quindici anni fa. E ho pensato di costruirmela. Quasi non mi ricordavo nemmeno piú di averla. Come hai fatto a vederla?

Ian ignorò la domanda, mentre saliva a cavalcioni sul trabiccolo. – Ne ho viste anch’io, sai, in giro. Posso provarla?

La ruota anteriore aveva un rudimentale manubrio fisso, sempre di legno. In mezzo alla trave c’era una piccola imbottitura su cui sedersi. Con i piedi, si spingeva a terra.

– Liberissimo, – sorrise Kirk, mentre estraeva la barra di ferro incandescente per l’ultima serie di martellate. – Ci sono quasi, Ian.

– Tranquillo, ho di che divertirmi, – esclamò l’altro, cominciando a sgambettare nel cortile della bottega, seduto sul «cavallo di legno».

Kirkpatrick terminò il lavoro, ripose

gli strumenti e si diede una sciacquata utilizzando il piccolo catino appoggiato in un angolo della bottega. Poi indossò la camicia e raggiunse l'amico all'aperto. Ian stava arrivando di gran carriera lungo la strada, compiendo enormi falcate e poi sollevando entrambi i piedi da terra e cercando di mantenere l'equilibrio. – Uuuuuuuh! – gridava. Si stava divertendo come un bambino.

Kirk osservò quell'affare che aveva costruito tanti anni prima. «Certo che se uno non dovesse camminare, mentre lo cavalca, – pensò grattandosi il mento, – sarebbe molto meglio».

L'indomani, ancora soddisfatto della conoscenza che aveva fatto della nuova cameriera, terminò il lavoro sul cancello prima ancora di mezzogiorno.

Ora aveva un po' di tempo libero, prima di dover affrontare il prossimo incarico. Tirò fuori la *draisienne*, la appoggiò al muro, si allontanò di qualche passo e cominciò a osservarla. Come poteva trasmettere il movimento alle ruote?

Ci mise tre mesi a preparare la sua invenzione. Per tutto quel tempo, tenne ben nascosto il suo prototipo: voleva fare una sorpresa all'amico. Come per il suo primo esemplare, la struttura era di legno, cosí come le ruote: due grandi dischi pieni, bordati da un cerchio di ferro. Pesantissimi.

Per la parte meccanica, invece, si era affidato al suo mestiere. Aveva realizzato tiranti, pedali, giunti e cerniere usando il ferro, e poi li aveva applicati alla sua creazione.

Il manubrio anteriore poteva essere lievemente orientato a destra o a sinistra: nulla di esagerato, però già un grosso passo avanti rispetto alla ruota fissa della *draisienne*. Ma la grande innovazione era nel sistema di movimento. Una coppia di pedali poteva essere mossa avanti e indietro, lungo due rotaie poste ai lati del telaio di legno. Ai pedali erano collegate delle bacchette di ferro che trasmettevano il moto alla ruota, trasformandolo da lineare a circolare.

Quando Ian si presentò in bottega per invitarlo ad andare al pub, Kirk incrociò le braccia, sorrise e, con un gesto del mento, indicò la sua macchina.

– E questo che cos'è? – chiese Ian, cedendo subito alla curiosità e cominciando a toccare, spostare, muovere l'aggeggio.

– È la mia versione della *draisienne*. Che te ne pare?

– Bella –. Ian era già montato a cavalcioni sul telaio. – Come funziona?

– Prendi un po' di velocità, con dei passi a terra. Poi metti i piedi sui pedali e li muovi avanti e indietro.

– Voglio provare! – esclamò Ian. Un attimo piú tardi era in cortile e stava già compiendo gran passi per prendere velocità. – Cosí? – urlò allontanandosi, mentre cercava di mettere per bene i piedi sui pedali.

Mosse questi ultimi una, due, tre volte. Poi si fermò. – Accidenti! – gridò.

Kirk lo raggiunse di corsa. – Che succede?

Ian scosse la testa. Sembrava stremato.

– Faticosissimo, – ansimò.

Il fabbro scoppiò a ridere. – Sei proprio una pappetta! Dài, scendi. Ti faccio vedere io.

Kirk aveva già

compiuto qualche giro di prova sul suo nuovo trabiccolo, e sapeva che in effetti richiedeva una certa forza. Però la velocità che si poteva ottenere era notevole, quasi come galoppare su un cavallo. Tre lunghe falcate, poi i piedi sui pedali e via: avanti, indietro, avanti, indietro.

Ian lo osservò estasiato. – Ehi! Torna indietro! Voglio provare ancora.

Nelle settimane successive, la voce del nuovo marchingegno si sparse nella zona, alimentata anche dalle gite sempre piú lunghe che Kirkpatrick amava affrontare ogni domenica. Riusciva a compiere un percorso di piú di venti chilometri in meno di un'ora.

Una volta, nel 1842, pedalò fino a Glasgow, lontana quasi 110 chilometri, coprendo la distanza in diverse tappe nell'arco di due giorni.

Presto cominciarono a fioccare le imitazioni,

e queste venivano vendute per somme considerevoli. Kirkpatrick Macmillan non guadagnò mai nulla dalla sua invenzione.

– Ma scusa, – gli disse un giorno Ian, – c'è un tizio, un tale Dalzell, che vende la tua invenzione e la spaccia per sua.

– Quindi?

– Come «quindi»? Non ti dà fastidio che qualcuno guadagni dei soldi alle tue spalle?

Kirk sorrise e strinse le spalle. – Io faccio il fabbro, – rispose, semplicemente. E sorrise.

La bicicletta con i pedali che ruotano e la trasmissione a catena sulla ruota posteriore, come quella che conosciamo noi, venne sviluppata nel 1885 da un inglese, John Kemp Starley. Tra la creazione di Macmillan e quella di Starley c'è stato anche il «velocipede» dei francesi Pierre ed Ernest Michaux, padre e figlio: era caratterizzata da un'enorme ruota anteriore alla quale erano fissati direttamente i pedali e una ruota posteriore molto piú piccola.

La fotografia

Dipingere con la luce

1839, Londra, Inghilterra

Presso la sede dell'Istituzione Reale delle Scienze, a Londra, c'era una sala dove i membri dell'associazione potevano rilassarsi su comode poltrone di pelle rossastra, sfogliando un giornale, sorseggiando un liquore, chiacchierando di cose del mondo, di scoperte, invenzioni.

Un tardo pomeriggio d'inverno John Talbot stava appunto rilassandosi dopo aver tenuto una conferenza sulle sue ultime scoperte relative al mondo delle piante e della vita vegetale: una delle sue passioni, insieme alla matematica, l'astrologia e l'archeologia.

– Vecchio mio! – lo salutò il suo amico Alfred, facendosi largo tra le nuvole di fumo di sigaro e i capannelli di scienziati. Non lo vedeva da una mezza dozzina di anni.

– Alfie! Come va? – esclamò alzandosi e accogliendolo in un caldo abbraccio. – Quanto tempo è passato? Ma c'erano davvero cosí tante cose da vedere sul continente?

– Sí. Sarei stato lí per altri due anni, almeno. Ma ho anticipato il mio ritorno perché ho grandi notizie per te –. Alfred era un uomo paffuto, con baffoni candidi, guance rubiconde e due occhietti che non stavano mai fermi.

– Anch'io, sai? Credo di aver risolto il mio problema con le matite. Ricordi quanto ero frustrato dal fatto di non essere in grado di disegnare nulla?

I due si sedettero. Il cuoio delle poltrone scricchiolò. Un gesto della mano, e un cameriere arrivò con due bicchieri di brandy.

– In effetti uno scimpanzé cieco saprebbe produrre opere migliori delle tue! – ridacchiò

Alfred. – Comunque, le notizie che ho riguardano proprio questo tuo problema –. L'uomo si passò le dita sugli enormi baffoni bianchi e poi prese un oggetto dalla borsa. Con ampi gesti cerimoniosi lo diede al suo amico.

Era una piastra di metallo, forse rame, rivestita forse d'argento, messa sotto vetro e impreziosita da una cornice di cristallo decorato.

– Bella, – disse Talbot, dopo averla osservata per qualche secondo. L'appoggiò sul tavolino, tra il bicchiere e il posacenere. – Cosa dovrebbe rappresentare?

Alfred sbuffò, fece roteare gli occhietti, la riprese e la ricacciò in mano all'amico.
– Guarda meglio, vecchio mio. Inclinala, prendi bene la luce. Vedi? Sono io!

Talbot osservò meglio l'oggetto. Lo ruotò in modo che la luce lo colpisse con la giusta angolazione ed ecco che, come per magia, sulla piastra metallica comparve il ritratto dell'amico, in diverse gradazioni d'argento ma con una nitidezza impressionante.

– Caspita! – esclamò lo studioso. – Come si chiama quest'affare?

– Dagherrotipo, l'ha inventato un francese di nome Daguerre.

– Uhm, – mormorò Talbot, studiando piú da vicino l'immagine. – E da quando sono in circolazione questi affari?

– Uh, sono la novità del momento. Daguerre ha presentato la sua invenzione all'Accademia delle Scienze di Parigi un mese fa. Ho praticamente dovuto fare carte false per farmene fare uno. E poi sono corso qui per dartelo. Usa una camera oscura per riprodurre sulla lastra di rame l'immagine...

Le camere oscure erano note già da diversi secoli: a volte erano intere stanze o piú spesso semplici scatole di legno chiuse, con un piccolo foro e una lente su una delle pareti. Proiettavano al loro interno la scena che si trovava all'esterno, e venivano usate dai pittori per dipingere con piú fedeltà e semplicità i paesaggi.

Talbot non sembrava cosí entusiasta. – Una camera oscura, certo –. Annuí piano, pensoso. – Direttamente sulla piastra di rame? Quindi ogni immagine è unica?

Alfred annuí. Poi scosse la testa. – Ma si può sapere cosa ti prende, vecchio mio? Pensavo che avresti fatto i salti di gioia a vedere questo dagherrotipo!

Talbot alzò lo sguardo piano piano, con un sorriso soddisfatto e tante piccole scintille negli occhi. – Ho fatto di meglio, Alfie, amico mio.

– Cosa intendi?

– Guarda, – disse estraendo un piccolo

borsello di pelle chiara dalla sua borsa piena di libri e quaderni.

Alfred aveva appoggiato il suo prezioso ritratto sul tavolino, e stava facendo roteare il bicchiere di brandy nel palmo della mano. – Guarderei anche, ma se non mi mostri nulla... – protestò.

– Eccomi, eccomi, – Talbot aveva finito di trafficare con il borsello e stava sfilandone un foglio di carta. – Guarda qui!

Alfie prese il foglio, gli diede una rapida occhiata e se lo appoggiò in grembo. Poi alzò un dito: – Un attimo, prego –. Passò le mani su ogni tasca della giacca, fissando il soffitto. – Ah! – esclamò infine. – Eccoli: ormai non vedo piú niente, senza, – si giustificò, fissandosi al naso un paio di occhialetti pince-nez. Poi prese in mano di nuovo il foglio. – Cos'è?

Sul pezzo di carta da lettera era riportata un'immagine in bianco e nero: una porta con un secchio e un badile appoggiati a uno stipite.

– L'ingresso del mio cottage.

Alfred rimase in silenzio a studiarla. Visti da vicino, i contorni dell'immagine sembravano diluirsi un poco l'uno nell'altro. E sul foglio comparivano anche delle macchie grigiastre. – Be', – cominciò. – Il dagherrotipo è...

– Piú nitido, certo. Questo lo vedo anch'io, – riconobbe Talbot, un poco stizzito. – Ma riconoscerai che un foglio di carta è assai piú pratico della tua lastra di rame. Posso perfino inserirlo in un quaderno. E, poi... – gongolò, – guarda qui.

Alfred alzò gli occhi dal foglio di carta e vide che Talbot gliene stava passando un altro. Identico: stessa immagine, stessa inquadratura. Persino le macchie grigie erano nelle stesse posizioni.

– E qui, – aggiunse lo studioso estraendone una terza copia. – E qui, – mentre compariva il quarto esemplare.

Alfred studiò le quattro immagini uguali. – È

incredibile, – mormorò. – Come puoi ottenere che il soggetto sia sempre uguale?

Talbot ridacchiò. – È semplice, – spiegò. – Nella camera oscura, che uso anch'io, metto un foglio di carta impregnato di alcuni agenti chimici. Quando apro il foro della camera oscura, sul foglio si forma un'immagine invisibile. Passando il foglio in un'altra soluzione chimica, l'immagine si rivela. Ma non è uguale alla realtà: tutto è al contrario. Ciò che nella scena era chiaro, nell'immagine risulta scuro. E viceversa. Io lo chiamo «negativo». Usandolo per ripetere il processo, tutto si inverte di nuovo: i chiari ritornano a essere chiari. E dal negativo posso ricavare tutte le copie che voglio.

– È incredibile, – ripeté Alfred, continuando a confrontare una delle immagini con un'altra.

– Non sono ancora soddisfatto, Alfie. È un processo lento: devo tenere aperto il foro della camera oscura per decine di minuti. Funziona con i paesaggi o... le porte e i secchi; ma con i

ritratti di persone? Ci sto lavorando...

– A quando risalgono queste immagini? – chiese Alfred, indicando i fogli che aveva sparsi in grembo. – Le hai mai mostrate in giro?

– Quelle? Avranno tre o quattro anni. Ma non sono ancora perfette, Alfie. Sei il primo a cui le mostro.

– Be', ricorda che quel tizio, Daguerre, a Parigi va in giro a dire a tutti che è lui che ha inventato il modo di catturare la luce. Se il mondo sapesse di questi... come possiamo chiamarli?

– Disegno fotogenico?

– E perché non talbotipi?

Nel giro di una ventina d'anni la dagherrotipia venne dimenticata, mentre il processo negativo-positivo di Talbot divenne la fotografia che dominò il mondo per quasi due secoli, prima di venire soppiantata dalla fotografia digitale. Nuovi agenti chimici permisero a Talbot di ottenere fotografie con tempi di esposizione rapidissimi (le cosiddette «istantanee»), mentre usando un supporto per il negativo prima di vetro e poi di cellulosa anche i problemi di nitidezza vennero risolti.

il Computer

Uno sguardo nel futuro

1842, università di Cambridge, Inghilterra

– Si accomodi, contessa. Una tazza di tè?

Il professor Charles Babbage aveva una cinquantina d'anni e i capelli perennemente spettinati. Dedicava una parte del suo tempo allo studio e all'insegnamento della matematica. Il resto, invece, era tutto per le sue «macchine». La macchina differenziale, che avrebbe dovuto essere in grado di svolgere in autonomia alcuni calcoli aritmetici predefiniti, era ormai stata progettata in dettaglio, e alcune sue parti erano anche state costruite.

La macchina analitica, invece, era ancora quasi tutta sulla carta. Ma prometteva di essere qualcosa di incredibile.

Infatti, dopo una conferenza di Babbage a Torino, il matematico italiano Luigi Menabrea ne aveva pubblicato un articolo in francese che la descriveva con entusiasmo. Era per questo motivo che Ada King, contessa di Lovelace, figlia del famoso poeta Lord Byron, esperta di francese e appassionata di matematica, era stata invitata nel piccolo ufficio del professore.

– Grazie, professore. Volentieri, – rispose lei, sedendosi in punta di cuscino su una delle poltrone di pelle, con le spalle ben dritte e le mani appoggiate in grembo. Era una giovane donna di ventisette anni dalla mente brillante e aperta alle novità. – Un velo di latte, per cortesia. E niente zucchero.

Il professore versò la bevanda in due tazze di porcellana decorate di fini ghirigori azzurri. Ne porse una alla sua ospite, e si accomodò a sua volta sull'altra poltrona. Non prima, però, di aver spostato le alte pile di libri che vi erano state accatastate sopra.

– Deve perdonare il mio disordine, Lady Lovelace. La macchina analitica mi sta assorbendo a tal punto che non riesco quasi a stare dietro a tutte le mie altre incombenze, – tentò di giustificarsi l'uomo, passandosi una mano tra i capelli ribelli.

– Professore, io mi inchino di fronte al suo genio. Il suo disordine non lo vedo nemmeno!

Babbage arrossí. Si schiarí la gola con un colpo di tosse o due. – Ha avuto modo di...

– Eccome, – lo interruppe lei, chinandosi ed estraendo una serie di fogli dalla borsa. La calligrafia era minuta, leggera, ordinatissima. – Ho tradotto l'articolo di Menabrea, come mi aveva chiesto. E, – aggiunse con un sorriso timido, – mi sono permessa di inserire qualche mia considerazione personale.

Babbage fece scorrere lo sguardo sul manoscritto. Oltre alla traduzione vi era una sezione intitolata «Note», tre volte piú lunga dell'articolo stesso. – Considerazioni personali?

– Ho lasciato che Menabrea mi guidasse

nella comprensione della macchina. Credo di averla capita e, forse, di intuire cosa potrà fare. Perdoni la mia esuberanza ma non riesco a trattenermi oltre: posso vederla?

– Vedere cosa?

Le sopracciglia della ragazza si alzarono, il viso si inclinò un poco verso destra. – La macchina analitica, professore. Dove si trova?

– Ah, – rispose Babbage, passandosi le mani sul panciotto. Bevve un sorso di tè. – Be', al momento, la macchina si trova soprattutto sulla carta. Ne ho solo alcuni elementi, che ho fatto realizzare da un artigiano...

La contessa non riuscí a mascherare la delusione. Aveva sperato che il viaggio fino a Cambridge potesse culminare nell'occasione di vedere all'opera l'incredibile invenzione. Strinse le spalle. – Mi accontenterei di quelli...

– Ah.

– Se posso, s'intende...

– Certo, – mormorò il professore, senza muovere un muscolo. – Certo, – ripeté poi, dopo qualche lungo istante di silenzio. – Certo. La prego, mi segua.

Corridoi, altri corridoi, scale, ancora corridoi. Babbage fece strada e condusse Ada verso i sotterranei. – Sono un po' imbarazzato, – diceva, mentre le faceva luce con un candelabro. – Qui sotto non è proprio un ambiente adatto a una signora.

– La prego! Non mi faccio certo spaventare da un po' di polvere e qualche ragnatela.

– Speriamo che non ci sia anche un topolino, – mormorò l'uomo.

La contessa fece finta di non aver sentito. Chiuse gli occhi e pregò di non ritrovarsi un roditore tra i piedi.

Raggiunsero una stanza poco piú grande di uno sgabuzzino, buia, polverosa e con un forte odore di muffa. Su uno scaffale, la luce delle candele fu riflessa da un complicato insieme di ingranaggi, leve e ruote di ottone.

– Ecco, – indicò Babbage, senza troppa enfasi. – Quello sarebbe il modulo di immagazzinamento. Dove la macchina tiene da parte i numeri.

– La sua memoria, – disse piano la contessa. L'emozione le aveva tolto il fiato. – È complicatissima. Posso toccarla?

Babbage, con un po' di fatica, prese il marchingegno e lo appoggiò su un tavolo. Aveva le dimensioni di una grossa valigia. – Ovviamente, – spiegò, – questa è solo una piccola parte del modulo. Nella macchina analitica finita questo modulo sarà molto, molto piú grande.

– Ma quanto sarà grossa la macchina? – chiese Ada. – Tutta, intendo.

Il professore fece un ampio gesto. – Oh! Sarà enorme. Gigantesca. Riempirà un capannone intero. Oltre a questo, ci sarà il modulo di elaborazione, e quello che riceverà le istruzioni. E poi quello che stamperà le soluzioni. E le informazioni passeranno da questo a quel modulo. E poi... –. La sua voce si perse, mentre sognava l'immensa complessità della sua invenzione. Con due dita ruotava una delle ruote dentate che a loro volta mettevano in movimento un centinaio di altre parti. – E poi ci vorrà un motore a vapore per far muovere tutti gli ingranaggi che ci saranno.

Ada, in quel momento, ebbe la sensazione

che non avrebbe mai visto la macchina analitica in funzione.

Quando furono di nuovo nell'ufficio il tè si era raffreddato nelle tazze.

– Potremo risolvere rapidamente e senza errori molti calcoli aritmetici, – stava dicendo il professore.

– Certo, – l'interruppe lei. – Ma io, se permette, credo che la macchina possa fare molto di piú. Ci permetterà di tessere trame algebriche –. Si fermò, e fissò il professore negli occhi. – Capisce quello che intendo dire?

– Veramente... no.

Cercando di controllare l'emozione, Ada si sporse in avanti e parlò con rapidità: – La macchina potrebbe lavorare su altre cose oltre i numeri. Oggetti le cui relazioni possano essere espresse con le leggi astratte della matematica... Per esempio, pensi ai suoni, all'armonia. Se trovassimo le regole che li legano, la macchina potrebbe analizzarli, riprodurli. Forse comporre brani....

– Via, – disse Babbage con un gesto del braccio. – Non credo... – Poi la fissò negli occhi e fu catturato dall'entusiasmo. – Anche se... forse... potrebbe avere ragione!

La ragazza indicò una delle sue «Note».

– Vede? Ho provato a scrivere una serie di istruzioni che permettano alla macchina di trovare una sequenza di numeri casuali...

Il professore studiò gli appunti per diversi minuti, annuendo con sempre maggior foga.

– Sono i numeri di Bernoulli, – esclamò infine.

– Infatti!

– Ah, non vedo l'ora che la macchina sia terminata per vedere all'opera questa sua sequenza di operazioni!

La macchina analitica di Babbage non fu mai costruita. Era troppo complessa per l'epoca. Ma è considerata il primo computer della storia, perché aveva elementi separati per inserire, memorizzare, elaborare e stampare dati. Inoltre, come i computer di oggi, non era costruita per svolgere un solo compito, ma poteva essere istruita a svolgere diverse mansioni sfruttando diversi programmi. La contessa Lovelace, che collaborò a lungo con Babbage, fu la prima a coglierne queste enormi potenzialità e, oggi, è considerata la prima programmatrice: la sua sequenza di operazioni per il calcolo dei numeri di Bernoulli è il primo software della storia.

LA MACCHINA PER SCRIVERE

L'arrivo della tastiera

1868, Milwaukee, Stati Uniti d'America

– Ti ho portato una tazza di caffè, Latham, – disse Mary Jane, bussando alla porta dello studio del marito.

– Vieni, vieni dentro. Voglio mostrarti la mia invenzione: è quasi finita.

Mary Jane spinse la porta con il piede e, stando attenta a non rovesciare il piccolo vassoio con una grossa tazza di caffè fumante e un piattino con quattro biscotti, entrò. Non entrava mai nel piccolo regno di Latham.

Una delle pareti era ricoperta da una libreria, dove volumi di meccanica si alternavano a piccoli modellini di metallo e legno. Vicino alla finestra c'era un'ampia scrivania. Il piano di lavoro era graffiato e macchiato da innumerevoli cacciaviti scappati di mano, trapani che avevano perforato troppo in profondità, tazze di caffè che avevano depositato cerchi marroni, pennini che avevano perso gocce d'inchiostro, globuli di grasso lubrificante che avevano lasciato aloni frastagliati. Ma il piano della scrivania non era comunque visibile, ricoperto com'era da attrezzi, disegni, fogli di carta.

In mezzo a tutto quel caos, illuminata da una lampada a olio, c'era l'invenzione di Christopher Latham Sholes. Era una grossa scatola di legno scuro, aperta sul davanti. Al suo interno una fitta ragnatela di tiranti metallici, leve e levette. E, sul fronte, una tastiera simile a quella di un pianoforte, con due file di tasti: una di candido avorio, l'altra di scuro ebano.

– Cos'è, secondo te? – chiese Latham, con gli occhi che sprizzavano emozione.

– Be', io ti avevo chiesto una macchina per cucire... – azzardò Mary Jane, anche se la Remington della sua amica Louise era del tutto diversa.

– No, – Latham scosse la testa, senza lasciare che il suo sorriso si spegnesse. – Secondo tentativo?

Mary Jane la studiò piú da vicino. Sui tasti bianchi e neri erano state riportate le lettere

dell'alfabeto, oltre ad alcuni numeri. Strinse le spalle. – Mi arrendo. Dimmelo tu.

– Questa, mia cara, è una macchina per scrivere, – spiegò lui, gongolando.

Mary Jane scoppiò a ridere. Era una donna di spirito che cercava di mantenere sempre un'atmosfera di allegria, in casa... ma questa volta stava ridendo addirittura con le lacrime agli occhi.

Latham, colto alla sprovvista, cominciò anche lui a ridere. Ma, mentre la donna continuava senza pausa liberando nuove cascatelle di risate, l'uomo si fece sempre piú serio. – Cosa c'è di cosí buffo, se posso chiedere?

– Ma è la cosa piú inutile del mondo! – esclamò Mary Jane, asciugandosi gli occhi con un fazzoletto.

Il marito la fissò in silenzio. Cosí serio era il suo sguardo, che Mary Jane riuscí a domare la sua ilarità.

– E per quale motivo, di grazia?

Mary Jane gli sventolò una mano davanti agli occhi. – Eccola qua la «macchina per scrivere», – e, per sottolineare meglio il concetto, afferrò una penna e scarabocchiò qualcosa su uno dei fogli.

Latham la guardò serio, senza aprire bocca per due interi minuti. – Credevo che quella fosse la tua macchina per cucire, – sibilò.

– Sí, ma, – balbettò la moglie, – è diverso... Cucire non è come scrivere....

– E comunque, – continuò severo il marito, prendendo il foglio su cui Mary Jane aveva appena scritto e studiandolo per qualche istante, – qui non si capisce nulla, – dichiarò.

– Che c'entra?

– C'entra che, con la mia macchina, potremo scrivere piú velocemente, e in maniera sempre leggibile. Sempre, come se fosse un libro stampato.

Mary Jane gli prese il foglio di mano e lo guardò a sua volta. Dovette ammettere che la parola che aveva scritto era talmente confusa

che persino lei non riusciva a riconoscerla.
– Fammi vedere, dunque.

Latham raddrizzò le spalle. – Volentieri, – disse. Poi fece schioccare le nocche delle dita, prese un profondo respiro e, come un pianista un attimo prima di iniziare un'esibizione, appoggiò le mani sulla tastiera. – Cosa devo scrivere?

– «Adoro la mia cara mogliettina», per esempio.

– D'accordo –. Latham esitò. – Dunque, – disse, mentre cercava la A. Poi cominciò.

I numeri occupavano le porzioni piú a sinistra delle due tastiere. L'alfabeto dalla A alla M era disposto sul resto dei tasti bianchi, mentre quello dalla N alla Z su quelli neri. Ogni pressione di tasto azionava una leva a cui era collegato un tirante di metallo. E ogni tirante, a sua volta, azionava un'altra leva che spingeva un martelletto riportante la lettera verso il foglio di carta. Un lembo di nastro inchiostrato, tra martelletto e carta, faceva sí che la lettera venisse stampata.

Latham procedeva con sempre piú rapidità, man mano che familiarizzava con la tastiera. Quando però arrivò alle ultime due lettere, i martelletti della N e della A, vicini nella macchina, si scontrarono a metà del loro tragitto, incastrandosi.

– Maledizione, – imprecò Latham.

– Che succede? – Mary Jane era china di fianco al marito, la loro piccola diatriba ormai dimenticata.

– Questo succede spesso, purtroppo –. Latham aveva preso un piccolo cacciavite da orologiaio e stava districando i martelletti, muovendosi con attenzione nella foresta di tiranti. – Devo lavorarci.

Passò piú di un anno prima che Latham invitasse di nuovo sua moglie nel proprio studio. La nuova versione della macchina per scrivere era coperta da un drappo di velluto verde.

– Sei pronta? – le chiese, preparandosi a scoprire la creazione con ampi gesti teatrali. – Questa volta, però, – si raccomandò, – non ridere.

– Ma è uguale a prima, – esclamò lei appena le fu mostrata. Ma si pentí subito e cercò di mascherare la scortesia con un gran sorriso.

– No, – replicò Latham, un po' stizzito. – Non lo è. Permettimi di attirare la tua attenzione verso la tastiera, – e con il dito, giusto per non lasciare spazio a equivoci, la indicò.

Mary Jane la guardò. In effetti era del tutto diversa. I tasti da pianoforte erano spariti, sostituiti da quattro file di tasti rotondi. La prima fila riportava i numeri, le altre tre le lettere, disposte alla rinfusa.

– Q, W, E, R, T, Y, – cominciò a leggerle. – Ma come le hai messe queste lettere? Non c'è alcuna logica, – sbottò. Poi, ancora una volta, si pentí. – Scusa, Latham, non volevo essere scortese... Ma come si fanno a trovare?

– Ho dovuto. Sono sicuro che, con un po' di pratica, si imparerà a ritrovarle sulla tastiera.

– Hai dovuto? In che senso? – Mary Jane avvicinò una sedia al banco di lavoro del marito e si accomodò.

– I martelletti continuavano a incastrarsi. Allora ho chiesto al mio amico Amos Densmore... Lo conosci? Fa il professore.

– Cosa gli hai chiesto?

– Mi ha preparato un elenco con le coppie di lettere che compaiono in successione con maggior frequenza nella nostra lingua.

Mary Jane annuí: stava cominciando a capire.

– E poi, – continuò il marito, – ho disposto le lettere in modo che quelle che hanno maggiori probabilità di essere usate in successione, siano distanziate le une dalle altre. Prova e riprova, – concluse, con un ampio sorriso e un bel po' di finta modestia, – sono arrivato a questa disposizione.

Mary Jane la studiò, stringendo gli occhi.

– E funziona adesso?

– Sí. Guarda.

Le dita di Latham

volarono veloci sulla tastiera. E sul foglio di carta comparve la scritta:

ADORO LA MIA CARA MOGLIETTINA

La macchina per scrivere ha accompagnato la vita professionale degli uomini per piú di centoventi anni, mandata in pensione solo dalla diffusione dei computer negli ultimi trent'anni. Ma la disposizione dei tasti ideata da Christopher Latham Sholes, chiamata QWERTY per via della prima sequenza di lettere che la compone, continua a essere utilizzata su tutte le nostre tastiere di computer, smartphone e tablet.

IL TELEFONO
la voce che avvicina

1871, Staten Island, New York, Stati Uniti d'America

La malattia aveva colpito Ester sin dal 1854: un'artrite reumatoide l'aveva relegata a letto.

Antonio Meucci si era trasferito con lei, sua moglie, nella città americana qualche anno prima, dopo quindici anni passati a Cuba. Ora trascorreva le sue giornate facendo la spola tra il suo laboratorio nel seminterrato, dove sviluppava le sue invenzioni, e la camera da letto al primo piano, dove accudiva la donna e le faceva compagnia.

La coppia era arrivata a Cuba facendo parte di una compagnia teatrale italiana che era stata ingaggiata da un impresario dell'isola caraibica. Ester si occupava dei costumi di scena, mentre Antonio era responsabile dei sistemi del teatro. Nel giro di poco tempo si era fatto una certa fama nell'isola, grazie alle sue invenzioni. Un giorno del 1849, mentre per conto di un medico stava sperimentando gli effetti della corrente elettrica sul corpo umano, aveva scoperto quasi per caso che una linguetta metallica poteva rilevare le onde sonore e trasformarle in impulsi elettrici, e che un'altra linguetta poteva riprodurli. Antonio, preso da altri impegni, aveva in principio accantonato la scoperta, riproponendosi di approfondirla piú avanti.

Appena si fu insediato nella metropoli americana cominciò subito a cercare di migliorare l'apparecchio che nella sua prima forma, a Cuba, riusciva a trasmettere solo una vaghissima idea di quanto venisse pronunciato di fronte alla linguetta metallica. Dopo vari tentativi, con risultati piú o meno incoraggianti, arrivò a sostituire la linguetta con una membrana di carta collegata a un magnete, e finalmente ottenne il risultato sperato.

– Ester, – disse piano, dopo aver bussato alla porta socchiusa.

– Antonio, vieni avanti, sono sveglia.

L'uomo entrò nella piccola stanza arredata con mobili economici. Sulle pareti, a tentare di mettere un po' di allegria, c'erano alcuni manifesti delle opere liriche messe in scena nel teatro dove avevano lavorato. Come sempre, Antonio ebbe una stretta al cuore: vedere sua moglie bloccata a letto, pallida e sudaticcia, era uno spettacolo drammatico. La compagna della sua vita sino a pochi anni prima sprizzava energia e non stava ferma un solo secondo, e ora...

– Ti ho portato qualcosa...

– Un libro? – chiese lei. Non era stata una grande lettrice, nel corso della sua vita: a un libro aveva sempre preferito tenere in mano l'ago. Ma la malattia e la prigionia del letto le avevano fatto riscoprire la letteratura.

– No. Il mio telettrofono. Ora funziona bene...

Incuriosita, la donna cercò di alzarsi su un gomito. Ma subito rinunciò, la bocca piegata in una smorfia di dolore intenso.

– Non ti muovere, – disse lui, passandole una mano sulla fronte. – Non ti muovere, se ti fa male...

– Volevo vedere il tuo tele... Come hai detto che si chiama?

– Il nome gliel'ho dato io: telettrofono. Perché porta il suono lontano, usando l'elettricità.

– È un nome complicato. Forse potresti semplificarlo, – suggerí lei, sempre pratica e pronta a consigliare il marito.

– Forse, – replicò lui. – Ci penserò. Intanto ecco il tuo apparecchio. L'altro è giú nel mio laboratorio. Quando mi vuoi parlare, suona la campana e poi parla qui dentro. Io ti sentirò.

– È come il sistema che hai installato nel teatro nuovo, a L'Avana?

L'inventore scosse la testa. – No, quello era solo un tubo che trasmetteva il suono senza modificarlo. Qui, invece, la tua voce verrà trasformata in impulsi elettrici e potrebbe viaggiare per distanze enormi, forse anche chilometri interi lungo i cavi, per poi tornare a essere la tua voce.

– Antonio, non mi prendere in giro!

Gli occhi dell'inventore brillarono. Tra la

folta barba, che ormai era quasi piú bianca che nera, spuntò un sorriso. – Proviamo! – e corse giú dalle scale.

Ester prese in mano il bizzarro apparecchio di legno, studiandolo con preoccupata cautela: i fili elettrici che vi erano attaccati non promettevano nulla di buono. Poi, il miracolo: – Ester, Ester! –. La membrana di carta color sabbia sembrava parlare: aveva una voce gracchiante, acuta, afona. Ma la cadenza toscana era quella caratteristica di Antonio.

La donna provò ad avvicinare l'apparecchio alla bocca. – Antonio? – chiese, con la stessa convinzione di chi ritiene di parlare con un fantasma.

– Hai visto? Funziona! – esultò la voce gracchiante. – Funziona!

Sempre pragmatica, Ester capí subito cosa si doveva fare: – Devi brevettare questo aggeggio, Antonio. Potrebbe risollevare la nostra situazione.

Ma l'apparecchio non gracchiò piú.

Affrontare l'argomento della loro situazione economica era sempre deprimente. Le cose non erano andate bene, nei primi anni negli Stati Uniti. La sua fabbrica di candele era sull'orlo del fallimento e investimenti sbagliati avevano ridotto i Meucci quasi sul lastrico. E di rientrare in Italia non se ne parlava nemmeno: con il suo passato da rivoluzionario, l'inventore non sarebbe stato accolto a braccia aperte.

Il viso largo, dolce dell'uomo fece capolino nella camera della moglie. La bocca era invisibile, sotto alla barba. Ma bastava vedere i suoi occhi per leggerne l'espressione affranta.

– Non abbiamo abbastanza soldi per il brevetto, Ester. Non parlo bene l'inglese, non posso farlo da solo. E l'avvocato mi ha chiesto duecentocinquanta dollari.

– Duecentocinquanta? Ma è una somma enorme, – Ester non riuscí a trattenere le lacrime. Perché il destino si ostinava a rendere cosí difficile la loro vita?

L'uomo si sedette sul letto della moglie, le

appoggiò una mano sul fianco. – Non sarebbe nulla, se riuscissimo a vendere il telettrofono. Ma è un cane che si morde la coda: senza soldi nessun brevetto; senza brevetto nessuna vendita; senza vendita nessun soldo.

– Allora? Che si fa? – chiese lei, passandosi un fazzoletto sugli occhi.

– Ho cominciato presentando un *caveat*. Non costa poco: dieci dollari, ma sono riuscito a raggranellarli. È un documento che ci dovrebbe coprire la paternità dell'invenzione per un anno.

Ester scosse la testa. – Ma non è per sempre...

– No. Lo dovrò rinnovare ogni anno, fino a che non riuscirò a brevettare il telettrofono. Intanto sto prendendo accordi con la compagnia telegrafica, forse mi lasceranno usare le loro linee per fare degli esperimenti a lunga distanza. Ho conosciuto un simpatico scozzese che ci lavora: si chiama Bell. Mi aiuterà. Ce la faremo, Ester. Ce la faremo.

In seguito a diverse vicissitudini finanziarie, a cui si aggiunse anche un drammatico incidente di navigazione, la situazione economica dei Meucci andò peggiorando, fino a che, dal 1874, non riuscirono piú nemmeno a pagare i dieci dollari annuali per rinnovare il caveat. *Inoltre, la compagnia telegrafica dove lavorava Graham Alexander Bell dichiarò che i prototipi del telettrofono depositati presso di loro erano andati perduti. Nel 1879, Bell presentò il brevetto per il «suo» telefono: non molto diverso da quello di Meucci. Ne nacque una lunga battaglia legale che, per un bizzarro errore giudiziario, garantí il brevetto allo scozzese. Fu solo nel 2002 che il Congresso americano emanò un documento in cui si riconosceva la totale paternità del telefono all'inventore italiano.*

L'Automobile
la carrozza a motore

1887, Stoccarda, Germania

Era tutta questione di potenza. Anzi, di peso e di potenza. Di questo, i tre soci erano certi.

I motori a vapore erano enormi, pesanti, difficili da gestire. Infatti, avevano trovato utilizzo sui treni, immense locomotive cosí pesanti che dovevano correre su percorsi speciali fatti di rotaie d'acciaio; oppure sulle navi, dove lo spazio di certo non mancava e il peso era un problema relativo. Avevano bisogno di fornaci dove bruciava il carbone, di caldaie dove il calore del fuoco faceva evaporare l'acqua, di grossi cilindri necessari per trasformare l'energia del vapore in movimento e potenza. E, in piú, serviva anche un serbatoio dove conservare l'acqua da far bollire nelle caldaie.

Ma i tre soci tedeschi volevano un'altra cosa, ben piú complicata. Volevano motorizzare una carrozza. Sostituire il cavallo, a cui per secoli e secoli era stato affidato il traino, con un motore.

Due di loro, Wilhelm Maybach e Gottlieb Daimler, erano ingegneri meccanici. Emil Jellinek, invece, non si intendeva di motori né di meccanica: era un uomo d'affari che sapeva gestire i soldi e che aveva deciso di finanziare le ricerche di Daimler. Si era unito al gruppo perché credeva che le loro idee potessero avere successo.

Avevano già un motore su cui lavorare. Qualche anno prima, il loro connazionale Nikolaus Otto aveva inventato il motore a combustione interna, detto anche «a scoppio». Rispetto a quello a vapore, non aveva bisogno di caldaie, fornaci, serbatoi... tutto avveniva dentro al cilindro: il carburante scoppiava e l'esplosione spingeva il pistone. Il motore di Otto funzionava a gas metano, era piuttosto leggero e moderatamente potente.

Ma non abbastanza.

Daimler, che aveva cominciato la sua carriera lavorando proprio nell'officina di Otto, aveva sviluppato alcune idee per migliorare il motore, tra cui un accessorio di ceramica che, arroventato da una scarica elettrica, poteva innescare l'esplosione. Maybach, dal canto suo, aveva inventato un altro apparecchio che regolava le quantità di aria e combustibile che entravano nel cilindro: solo la giusta proporzione garantiva un'esplosione completa e controllata.

Ora i tre uomini, in maniche di camicia, erano in piedi attorno a un lungo banco da lavoro. Il motore da loro sviluppato giaceva, parzialmente smontato, sul piano di legno punteggiato di macchie di olio, grasso e graffi, sotto la luce incerta di una lampada a olio. In un secchiello di latta, alcuni bulloni erano a bagno in un liquido dall'odore pungente che veniva di norma usato per eliminare le macchie e i residui di grasso lubrificante. Il liquido, che alcuni chiamavano gasolina, era un derivato del petrolio e in quei giorni si usava come smacchiatore e si poteva acquistare in farmacia.

In un angolo dell'officina c'era la carrozza che avrebbe ospitato il motore. Non era una carrozza come le altre. Prima di tutto, era aperta come un calesse. Aveva quattro ruote, ma le due anteriori potevano essere orientate con una leva simile a quella dei timoni delle piccole barche. E, in punta, c'era l'alloggiamento per il motore. Il nome, per la macchina, era già stato deciso: l'avrebbero chiamata automobile, visto che sarebbe stata in grado di muoversi da sola, senza cavalli.

I tre uomini osservavano in silenzio il motore. Di tanto in tanto, Daimler o Maybach allungavano una mano, spostavano qualcosa, si grattavano il mento e tornavano alla loro contemplazione silenziosa. Jellinek, invece, attendeva. Con una dose di pazienza che stava esaurendosi.

– Signori, – sbottò, quando non ne poté piú. – Dobbiamo giungere a una decisione.

I due tecnici annuirono, continuando però a guardare il motore senza aprire bocca.

– Signori, – ripeté Jellinek. – Vi prego. Spiegatemi almeno cosa vi cruccia.

Daimler alzò gli occhi. Aveva le occhiaie e le iridi arrossate di chi dorme troppo poco. – Il motore non eroga abbastanza potenza.

– Inoltre, – aggiunse Maybach, – non siamo convinti che installare una bombola piena di gas metano sotto pressione sulla nostra automobile possa essere una scelta accettabile.

– Capisco, – disse Jellinek. La seconda questione, in particolare, gli sembrava piuttosto convincente: nessuno avrebbe voluto trovarsi seduto su una bombola di gas infiammabile. – Tuttavia, dobbiamo giungere a una decisione. Idee?

– Be', – cominciò, esitante, Daimler. – Ho

sentito di un certo Benz, che sta conducendo degli esperimenti con la gasolina.

Tre paia di occhi si spostarono sul secchiello pieno di liquido e bulloni.

– Questa? – indicò Jellinek, con un sopracciglio alzato e l'espressione incredula.

– Tutto sommato, – ragionò Maybach, – è molto infiammabile. Potrebbe avere un potere calorico superiore al gas metano. E quindi il motore erogherebbe piú potenza...

– Dobbiamo però essere certi che, in determinate condizioni, possa scoppiare. Perché è questo che ci serve, – continuò Daimler. – Tuttavia, se Benz ci sta lavorando forse è perché ha le caratteristiche giuste.

– Proviamo con questa gasolina, dunque.

Qualche settimana piú tardi, Maybach e Jellinek erano in attesa, con una certa ansia, fuori dal portone della loro officina. Daimler aveva portato la loro automobile a fare un giro di prova. Sarebbe dovuto rientrare da un momento all'altro.

La sentirono, prima di vederla. Il motore, alimentato a gasolina, scoppiettava in maniera esagerata... ma funzionava. L'auto superò la curva e, con un Daimler sorridente alla leva di guida, si arrestò proprio di fronte ai due. Faceva un frastuono indecente.

– Dobbiamo lavorare sul rumore, – disse Daimler, serio.

Gli altri erano impazienti, volevano sapere ben altro: – Sí, ma...?

Daimler alzò le braccia in segno di vittoria. – Funziona! – gridò. – Il motore eroga abbastanza potenza, l'auto si governa con facilità, tutto va bene!

L'uomo scese dall'auto e andò a scambiare strette di mano e pacche sulle spalle con i suoi colleghi.

– C'è una questione, ancora, – disse Jellinek, quando si esaurirono le celebrazioni.

– Quale? – chiese Daimler. – Il rumore?

– A parte il rumore, – Jellinek lo liquidò con un gesto della mano. Infilò i pollici nei taschini del panciotto e arcuò la schiena all'indietro. – Signori, ho una richiesta da farvi.

I due tecnici non dissero nulla, ma lo fissarono.

– Ordunque. Abbiamo stabilito che «automobile» sia il nome giusto per questa macchina. Tuttavia, perché abbia successo commerciale, ci vuole un nome piú «vendibile», se capite quello che intendo...

Daimler e Maybach scossero la testa. Si

erano talmente concentrati sullo sviluppo della loro invenzione, che non avevano pensato a ciò che sarebbe accaduto dopo. D'altro canto era Jellinek l'esperto di questioni economiche.

– Quindi? – chiesero insieme.

– Be', vorrei proporre il nome commerciale per la nostra automobile. Vorrei che portasse il nome di mia figlia.

– Sua figlia? – chiese Maybach.

– E come si chiama? – chiese Daimler.

Jellinek sorrise, arrossendo un poco. – Si chiama Mercedes.

La Mercedes Daimler fu la prima automobile. Una ventina di anni piú tardi, l'azienda di Daimler e Maybach si fuse con quella di Benz, e nacque cosí la casa Mercedes Benz. Le prime auto erano considerate molto pericolose, tant'è che per alcuni anni una legge inglese impose che fossero precedute da un uomo che camminava agitando una bandiera rossa. Poco piú tardi venne inventato anche il motore diesel, ma la gasolina rimane ancora oggi uno dei principali combustibili utilizzati dalle auto. In onore di chi ebbe la prima idea di utilizzarla nei motori, la chiamiamo benzina.

LA RADIO

La nascita del "senza fili"

1894, Villa Griffone, Praduro e Sasso (oggi Sasso Marconi), nei pressi di Bologna

Non ci fu bisogno che il maggiordomo Mignani venisse a svegliarlo: quella notte Guglielmo Marconi non aveva quasi chiuso occhio. La dimostrazione fatta a sua mamma Annie, in piena notte, era andata a gonfie vele. Oggi avrebbe mostrato il suo apparecchio al babbo.

Appena i primi raggi dell'alba cominciarono a rischiarare Villa Griffone, Guglielmo balzò giú dal letto, si sciacquò il viso e si vestí. Mignani era già in cucina: aveva preparato il tè e Guglielmo se ne versò una tazza colma. Era stata sua mamma, una cantante irlandese, a introdurre la bevanda nella famiglia bolognese: babbo Giuseppe era rimasto fedele al caffè, ma sia Guglielmo sia il fratello Alfonso erano cresciuti sorseggiando tè indiano.

– Allora è il grande giorno, oggi? – Mignani sapeva quanto Guglielmo tenesse a far vedere al padre la sua creazione. Il ragazzo aveva solo vent'anni, ma le sue invenzioni, come per esempio il segnalatore di temporali, funzionavano davvero.

Guglielmo guardò fuori dalla finestra. I colli su cui si trovava la villa durante la notte erano stati imbiancati da una leggera coltre di neve.

– Sí. Vado a preparare l'esperimento.

Il maggiordomo osservò il ragazzo uscire dalla cucina. Non aveva mangiato quasi nulla.

– I giovani, – commentò, scuotendo la testa.

– Appena hanno qualcosa in testa, tutto il resto sparisce!

Giuseppe era un uomo già piuttosto anziano. Annie era la sua seconda moglie, e Guglielmo era nato dopo dieci anni di matrimonio. Il figlio aveva una certa suggestione del genitore: se non trovava nulla di strano nello svegliare la madre nel bel mezzo della notte per mostrarle i suoi successi, con il babbo necessitava di piú preparazione. Non voleva rischiare di sbagliare. Per la centesima volta controllò che il pulsante da telegrafo che si era procurato fosse ben collegato ai fili. Verificò tutti gli altri componenti del suo apparecchio trasmittente. Poi si dedicò alla ricevente posta sul lato opposto della stanza, a cui era stato collegato un campanello.

– È permesso? – chiese Giuseppe, con la sua voce un po' roca. Attendeva sull'uscio, i pollici appesi ai taschini del panciotto.

Guglielmo si voltò, teso, ma l'espressione del padre lo tranquillizzò. Era un misto di curiosità, divertimento e aspettativa. E, forse, giusto un pizzico di orgoglio.

– Venga avanti, signore, – disse Guglielmo, facendo un lieve inchino. Spesso dava del tu al padre, ma ora l'occasione richiedeva un po' di formalità in piú.

– Posso entrare anche io? – chiese sua madre, in quell'italiano che faceva ancora fatica a masticare e con il suo marcatissimo accento irlandese. Con i figli, di solito, parlava in inglese.

– Venga, venga! –. Altro inchino. – C'è posto per tutti. Prego, vogliate accomodarvi qui, – suggerí Guglielmo indicando due sedie nei pressi del tavolo.

Il ragazzo spiegò in maniera molto concisa quello che aveva preparato. Poi indicò il

pulsante da telegrafo al centro del tavolo. – La prego, padre. Prema lí.

– Prima le signore, – dichiarò l'uomo, sorridendo alla moglie.

– Io ho già fatto. Ora tu, – replicò Annie.

– Come «già fatto»? Quando?

Guglielmo intervenne: l'attenzione, che doveva restare sulla sua invenzione, sembrava andando perdendosi in inutili dettagli. – La prego, padre. Prema il pulsante.

L'uomo studiò il pulsante. – Non mi fido molto di questi cavi elettrici, figliolo. Non mi farai prendere la scossa, vero?

Guglielmo si sforzò di sorridere. Quanto tempo ci voleva per premere un pulsante?

– Li ho controllati piú volte. Nessuna scossa, garantisco. Prema pure.

– Una volta, sarà stato due mesi fa... No, tre... No, erano due. Sí, due. Comunque una volta, – cominciò a raccontare Giuseppe, gli occhi persi nella contemplazione del soffitto.

– Padre, la prego. Prema quel pulsante –. Il nervosismo cominciava a farsi spazio nella voce del ragazzo.

– Uff, quante storie! – sbuffò Giuseppe. – Ecco. Premo. Premo.

E con estrema cautela portò l'indice appena sopra il pulsante.

– Premo, eh?

– Sí. Grazie, – Guglielmo era ormai esasperato.

– Qui in mezzo?

– È uguale. Veda lei.

– Sí, qui in mezzo mi piace. Allora premo.

Guglielmo non aveva piú la forza di insistere. Si contorceva le mani, una nell'altra.

Finalmente, Giuseppe abbassò il dito e premette. Subito il campanello dall'altra parte della stanza squillò, facendo sobbalzare l'uomo sulla sedia.

– Buon Dio! – esclamò. – Cosa è stato?

– L'apparecchio trasmettitore, – spiegò il figlio, – che hai azionato con quel pulsante, – senza rendersene conto, Guglielmo era passato al tu, – ha trasmesso le onde all'apparecchio ricevitore, laggiú. Che ha fatto squillare il campanello.

Il padre lo guardò negli occhi per qualche secondo. – Impossibile, – decretò infine. – Ci dev'essere un filo, nascosto, che collega il campanello a questo pulsante. È un semplice circuito, vero?

Annie fece una strana smorfia. Dubbio o delusione?

– Io non ha pensato a questo, – disse.

– He he he, – ridacchiò Giuseppe. – Volevi burlarti di noi, eh, figliolo?

Guglielmo osservava la coppia di genitori,

serio e immobile come la statua su una lapide. – Nessuno scherzo.

– È impossibile, – disse ancora Giuseppe, scuotendo la testa. Ma non rideva piú.

– Se avessi solo collegato un campanello a un interruttore e a una pila, – disse Guglielmo, la voce piatta e afona, – non avrei certo pensato di aver inventato qualcosa.

Giuseppe lo guardò negli occhi. – No. Infatti.

– Non c'è collegamento tra trasmettitore e ricevitore. Controlli lei stesso.

Il padre si alzò e verificò. Studiò il circuito del trasmettitore e poi quello del ricevitore. E cercò, invano, i cavi che li collegassero. Poi premette di nuovo il pulsante, e di nuovo il campanello trillò. E ancora. E ancora. – Non può essere, – mormorò. – È magia.

– No, padre. Si chiamano «onde hertziane». Sono state scoperte qualche anno fa, ma io credo di essere riuscito a sfruttarle per uno scopo utile.

– Come suonare un campanello? –

commentò suo padre, inarcando un sopracciglio.

– Per esempio. O trasmettere segnali, come l'alfabeto morse che si usa con il telegrafo.

Guglielmo allungò un dito verso il pulsante e cominciò a far squillare il campanello con trilli lunghi e trilli brevi.

Giuseppe scosse la testa. – D'accordo, ma se volessi comunicare con Mignani, dall'altra parte della stanza... non farei prima a parlare e basta?

Guglielmo sapeva che convincere suo padre dell'utilità dalla sua invenzione sarebbe potuta essere un'impresa ardua. – Aumentando la potenza, si può allungare la distanza della comunicazione. Credo ben oltre la portata della voce umana.

– Ma esiste il telegrafo, per questo.

Al che Guglielmo, senza battere ciglio, replicò: – Sí, ma collegare i cavi telegrafici a una nave è impossibile.

Giuseppe lo fissò per alcuni minuti, grattandosi il mento.

– Figliolo, – disse infine, alzandosi, – credo che tu stia facendo qualcosa di molto importante, qui dentro. Voglio contribuire: sono pronto a finanziare lo sviluppo della tua invenzione! –. Poi sembrò quasi ripensarci e, sorridendo, aggiunse: – Ma non ci ridurre tutti in povertà!

Le onde radio, la cui esistenza era stata dimostrata da Heinrich Hertz nel 1887, avevano stimolato anche la fantasia del genio inventore serbo Nikola Tesla, che in un periodo contemporaneo a Marconi aveva a sua volta proposto alcune applicazioni. Ma all'inventore bolognese va riconosciuto il merito di essere stato il primo a sviluppare e diffondere la comunicazione via radio, sia su terra sia su mare.

I RAGGI X

Guardare dentro alle persone

1895, Würzburg, Germania

Wilhelm Röntgen si grattò il mento con la punta della matita. La barba gli prudeva.

Spostò di mezzo metro il foglio di carta trattata e la fluorescenza verdognola si spense, lasciandolo al buio.

– Mmm, – mugugnò, mentre allungava la mano verso l'interruttore della luce elettrica.

C'era qualcosa che usciva dal suo marchingegno, questo era certo. Ma cosa?

Staccò i morsetti che alimentavano l'apparecchio e si alzò in piedi. Ci voleva un caffè.

Sua moglie era in cucina, intenta a preparare il pranzo.

– Come va, Willy? – gli chiese quando lo udí entrare.

– Non lo so. Sono vicino a qualcosa, ma non riesco a capire di cosa si tratti.

– Ne vuoi parlare? – Bertha non capiva granché di fisica ma sapeva che se suo marito avesse cercato di spiegarle ciò che stava facendo, avrebbe dovuto riformulare i pensieri in modo piú semplice, e questo avrebbe potuto aiutarlo a vedere i problemi da un altro punto di vista, e forse anche a risolverli.

Wilhelm si versò una tazza di caffè, prese posto al tavolo e si grattò di nuovo la barba.

– Sto facendo passare una corrente elettrica attraverso un'ampolla di vetro, piena di un gas a bassissima pressione, – cominciò.

Fin qui tutto chiaro, pensò la moglie. Le sfuggiva lo scopo dell'esperimento, ma scelse di non dire ancora nulla.

– Ho messo l'ampolla in una scatola di cartone nero. Cartone pesante. Non passa nessun raggio di luce, – continuò Wilhelm, sorseggiando il suo caffè.

–Ma? – chiese lei, che aveva intuito che proprio lí si nascondesse il problema.

– Ma se io metto un foglio di carta impregnato di alcune sostanze chimiche proprio di fronte all'ampolla, il foglio si mette a brillare. Significa che c'è qualcosa che esce da quell'ampolla, che attraversa il cartone nero. E fa attivare la sostanza chimica sul foglio.

– E questo è un bene o un male?

– Non lo so! È proprio questo il punto. Vorrei capire qualcosa di piú di questi raggi, ammesso che si tratti di raggi, che vengono generati dall'ampolla. Ne capisco cosí poco, che ho deciso di chiamarli «raggi X».

Bertha stava asciugando una tazza. – Potresti cercare di fotografarli? Forse poi riusciresti a studiarli meglio...

– Fotografarli? – Wilhelm corrucciò il viso, come faceva di solito quando era concentrato.

– Fotografarli… Già. Perché no? Cara, torno nel mio laboratorio.

E senza nemmeno darle il tempo di voltarsi dall'acquaio e di salutarlo, Röntgen aveva già indossato cappello e cappotto ed era corso fuori casa, alla volta dello studio fotografico dove, l'anno prima, lui e sua moglie si erano fatti fare il ritratto che ora decorava la parete vicino al caminetto.

Un'ora piú tardi era di nuovo a casa con un voluminoso pacchetto tra le mani.

– Dove sei stato, Willy?

Röntgen alzò il pacchetto verso la moglie. – Lastre fotografiche, – disse, a mo' di spiegazione. In quei tempi le fotografie venivano scattate esponendo alla luce delle lastre di vetro rivestite di sostanze chimiche sensibili alla luce. Poi venivano sviluppate e utilizzate per stampare le fotografie vere e proprie. Lo scienziato corse nel suo laboratorio sotterraneo, che aveva ricavato dalla cantina di casa.

Aveva chiesto che ogni lastra fotografica fosse accuratamente rivestita di carta, in modo che non potesse essere impressionata dalla luce del laboratorio. Ne prese una, la appoggiò su un supporto che aveva realizzato modificando un leggio da musicista e attivò l'ampolla per qualche secondo. Poi scrisse il numero uno sulla carta che rivestiva la lastra, con la sua calligrafia grande e ordinata.

Ripeté l'esperimento

inserendo un foglio di lamiera metallica tra l'ampolla e la lastra fotografica. Sulla carta scrisse un grande due.

– E adesso? – si chiese. Aveva ancora due lastre fotografiche a disposizione.

Prese una seconda lamiera e attivò l'ampolla con due fogli metallici che interrompevano il percorso dei raggi X. Sulla lastra scrisse tre.

Era a corto di idee. Si grattò la barba. Poi, d'impulso, chiamò la moglie.

– Bertha, fammi il favore, vieni un attimo giú!

– Cosa c'è? – chiese lei, dopo pochi istanti, facendo capolino dalla porta del laboratorio.

– Mi assisteresti un momento?

Lei sorrise, contenta di essere coinvolta nel lavoro del marito. – Certo! Cosa devo fare?

– Non so a cosa possa servire, ma prova a stendere la mano su quella lastra fotografica e a lasciarla lí ferma per qualche tempo. Io intanto attivo i raggi X.

La signora Röntgen eseguí diligentemente le istruzioni. – Tutto qui? – disse infine.

– Tutto qui, – confermò il marito. – Ora devo correre a portare a sviluppare queste lastre fotografiche. A dopo!

E, in un attimo, era fuori con le lastre sotto al braccio.

Nella sala d'aspetto dello studio fotografico, Röntgen attese con impazienza che le sue lastre venissero sviluppate. Si era raccomandato che non fossero mescolate e che i numeri che erano stati scritti sugli involucri di carta venissero riportati sulle lastre.

Dopo un'interminabile attesa di dieci minuti, il fotografo arrivò con le quattro lastre. Aveva un'espressione confusa. – Professor Röntgen, ma cosa ha fotografato?

– In che senso? – Wilhelm sentiva un rivolo di sudore scorrergli lungo la schiena. Cosa aveva fotografato?

– Be', la prima lastra è completamente sovraesposta. Se stampassimo una foto, verrebbe tutta bianca. Le ha fatto prendere luce?

Röntgen non rispose. Ragionò che i raggi

X erano in grado di impressionare le lastre fotografiche. Una buona notizia. Poi chiese: – E le altre?

– La due e la tre non sono esposte. È sicuro di averle usate?

Di nuovo, Röntgen non rispose. «Il metallo li ferma», pensò.

– L'ultima, poi, mi ha davvero sconcertato.

– Perché?

– Guardi lei stesso.

Il fotografo gli mise in mano la lastra. Wilhelm l'alzò per osservarla in controluce. C'era la sagoma della mano della moglie, che si intravedeva a malapena. Ma, in un bianco spettrale, si vedevano perfettamente le ossa al suo interno. E l'anello, la fede nuziale che portava all'anulare, era una striscia bianchissima. Sembrava indossata da un macabro scheletro.

Senza rendersene conto Röntgen balzò all'indietro e si lasciò scappare un'esclamazione.

– È uno scherzo, professore?

Röntgen non sentí la domanda. Era troppo affascinato dalla lastra. Forse aveva scoperto il modo per fotografare l'interno del corpo umano...

Ma era davvero cosí? Tutto d'un tratto si sentí molto insicuro. Si trovava di fronte a una svolta storica, oppure stava solo prendendo una cantonata?

Wilhelm Röntgen non era molto convinto della sua scoperta, infatti non cambiò mai denominazione ai raggi, lasciando loro l'incerto appellativo «X». Nelle settimane successive realizzò nuove fotografie della struttura ossea delle proprie mani e inviò le immagini a diversi scienziati

di fama mondiale, per ottenere le loro opinioni a riguardo. Il responso fu unanime: era una scoperta di enorme importanza e Röntgen doveva andarne fierissimo. Infatti, per la loro scoperta gli fu attribuito anche il premio Nobel, uno dei massimi riconoscimenti a cui uno scienziato possa ambire. Da quel momento in poi, il mondo della medicina è cambiato e i raggi X continuano a essere uno dei principali strumenti diagnostici nelle mani dei dottori.

LA PLASTICA
IL MATERIALE PER TUTTO

1907, Yonkers, Stato di New York, Stati Uniti d'America

Di sicuro, quella che stava svolgendosi in quegli anni era una specie di gara.

Ricercatori chimici di tutto il mondo sapevano che l'invenzione di una resina sintetica, cioè di un materiale modellabile e del tutto artificiale, era ormai a portata di mano. Bisognava però riuscirci.

Con questo spirito, Leo Baekeland mescolò per la centesima volta nel recipiente una nuova combinazione di fenolo e formaldeide. Chiuse gli occhi e, parlando sottovoce in fiammingo, la sua lingua madre, pronunciò una breve preghiera. Poi si baciò l'indice destro, e con lo stesso dito accarezzò il recipiente.

Ultimati i riti propiziatori, attaccò al recipiente il regolatore di pressione e mise il tutto in forno.

E attese, la mano trepidante pronta ad appuntare sul quaderno qualsiasi variazione degna di nota.

Voleva vincere quella gara. Chiunque fosse stato il primo a lanciare sul mercato una resina sintetica avrebbe fatto una montagna di soldi. Il resto dell'industria richiedeva un materiale economico e facilmente lavorabile, che potesse sostituire i classici materiali naturali come il legno, il metallo, l'osso.

Non che Leo avesse bisogno di altro denaro: ormai poteva considerarsi benestante. La carta fotografica istantanea, che aveva inventato qualche anno prima in Belgio e poi venduto all'industriale americano Eastman, gli aveva fruttato un milione di dollari. Che, all'epoca, era una somma davvero considerevole.

Durante i suoi viaggi negli Stati Uniti per discutere l'affare, l'inventore belga aveva deciso di trasferirsi oltreoceano. Con parte del patrimonio aveva costruito una casa con annesso laboratorio chimico nella cittadina di Yonkers, a due passi da New York.

L'orologio sulla parete muoveva pigramente le sue lancette. L'ago dell'indicatore della temperatura del forno era stabile sui settanta gradi. La fronte di Leo si stava coprendo di minuscole goccioline di sudore. La matita, nella mano tremante, lasciava sconclusionati puntini sul foglio del quaderno.

Cosa avrebbe trovato questa volta nel recipiente? Un inutile liquido acquoso? Un altrettanto inutile blocco di friabile cristallo carbonizzato? O...?

Per non lasciare che la tensione del momento avesse la meglio su di lui, pensò alla sua perduta collezione di soldatini.

Dopo essersi insediato nella nuova dimora, aveva cominciato ad avere nostalgia delle cose che aveva lasciato a Ghent, in Belgio. In particolare, la sua collezione di soldatini di latta con relativi stampi gli mancava al punto che aveva organizzato che gli fosse spedita con la prima nave in partenza.

Appena la nave aveva attraccato a New York, lui era saltato sul primo treno disponibile e si era recato alla dogana del porto.

– Sono qui per ritirare alcuni pacchi, –

aveva dichiarato, gonfiando il petto. – La mia collezione di soldatini.

Il funzionario della dogana lo aveva guardato con aria annoiata, poi aveva stretto le spalle ed era sparito nell'immenso magazzino, il foglietto con il numero della spedizione infilato nel taschino.

Era passata una buona mezz'ora prima che tornasse al bancone, trainando un carrello con due scatole di legno. – Ecco i suoi giocattoli.

– Non sono giocattoli, – aveva precisato Leo. – È una preziosa collezione.

– Come preferisce, – aveva mormorato il funzionario, mentre indicava il punto dove Leo doveva apporre la sua firma.

– Sono solo due scatole? Il mio agente a Ghent mi aveva parlato di sei...

Il funzionario aveva studiato per mezzo secondo i fogli. – No. Due –. E giusto per evitare ulteriori discussioni si era voltato e si era dileguato nel magazzino.

Le casse avrebbero dovuto essere sei: gli

erano stati consegnati solo gli stampi. Di tutte le centinaia di soldatini di latta che costituivano i suoi eserciti da scaffale non c'era nemmeno l'ombra.

Se n'era fatto una ragione.

Ora, uno di quegli stampi attendeva su uno dei banchi del laboratorio. Baekeland aveva già deciso quale sarebbe stato il primo utilizzo della resina sintetica, se mai fosse riuscito a inventarla: ricreare il suo esercito di soldatini usando gli stampi che per fortuna erano arrivati a destinazione.

La lancetta dei minuti raggiunse infine il piccolo segno che Leo aveva tracciato sul quadrante. Era ora di sfornare il recipiente e scoprire cosa fosse diventato.

Indossò i pesanti guanti, aprí il forno ed estrasse il recipiente, staccandolo dal sistema di pressurizzazione. Svitò il tappo e guardò dentro.

Non c'era un liquido acquoso.

I reagenti chimici si erano trasformati

in una massa fluida, di colore tendente all'arancione. La toccò con un bastoncino: era densa, viscosa, ma lasciava scorrere il legno al suo interno.

– Forse ci siamo, – gongolò, in fiammingo. Benché stesse diventando un cittadino degli Stati Uniti d'America, ogni volta che era solo pensava e parlava nella sua lingua.

Non c'era molto tempo, perché se quella era davvero resina sintetica, raffreddandosi si sarebbe indurita. Corse al bancone e versò la massa negli incavi ricavati nello stampo metallico. Il liquido scorreva lentamente, una via di mezzo tra sciroppo per la tosse e miele. Ma riempiva bene gli spazi e piccole bolle d'aria salivano piano in superficie.

Leo chiuse lo stampo, coprendolo con un paio di volumi di un'enciclopedia per garantire la giusta pressione.

Di nuovo, un sospiro profondo. Poi una decisione improvvisa: passeggiata!

Indossò il cappello e il cappotto e uscí.

Camminò tra i viali alberati, fermandosi ogni quattro passi a controllare l'orologio che teneva nel taschino. Il tempo sembrava non voler passare mai! Aveva calcolato che ci sarebbe voluta almeno un'ora perché il suo composto si raffreddasse. Ma quanto tempo ci voleva perché quest'ora trascorresse?

Si sedette su una panchina, osservò alcuni uccellini cinguettare, si procurò del becchime e lo lanciò a un gruppo di piccioni, scambiò due chiacchiere con un ragazzino che giocava con una piccola barca a vela nella fontana del parco, diede un'occhiata alla prima pagina di un giornale che qualcuno aveva dimenticato su un tavolino, si riallacciò diverse volte le scarpe, tentò di instaurare una conversazione con un signore che passeggiava con il suo cane scoprendo che questi non parlava né l'inglese né il fiammingo.

Tutto ciò senza mai perdere d'occhio l'orologio.

Alla fine, l'ora passò. Leo corse nel suo

laboratorio. Con la punta del dito saggiò la temperatura dello stampo: fresco. Spostò i volumi enciclopedici e sollevò la parte superiore dello stampo. Quattro soldatini in resina lo attendevano, ordinatamente distesi nel loro letto metallico.

Con gli occhi che brillavano, Leo ne sollevò uno. Era duro, ma non troppo fragile. La resina riproduceva alla perfezione i piccoli dettagli, come i bottoni dell'uniforme.

– Anche meglio della latta, – commentò.

Presto! Doveva subito informare il mondo della sua invenzione. Comunicare che aveva vinto lui la gara! Doveva scrivere un documento, riportare i dati del suo lavoro, presentarlo all'ufficio brevetti... Però, prima, preparò ancora un po' di resina.

– Ancora qualche fuciliere, – si disse. – E il tamburino, certo. Poi mi occuperò della documentazione.

Leo Baekeland brevettò la prima plastica completamente sintetica, che venne battezzata «bakelite» e trovò utilizzo in un'infinità di applicazioni, dai telefoni alle palle da biliardo. La bakelite è una plastica non infiammabile che, una volta raffreddata, non può piú essere sciolta. Altre plastiche, inventate piú tardi, possono invece essere sciolte nuovamente e riutilizzate.

LA TELEVISIONE
la vita in una scatola

1927, Rigby, Utah, Stati Uniti d'America

Era un mattino freddo del marzo del 1922. Philo Farnsworth, un ragazzo sveglio di sedici anni, era uscito di casa presto, con i libri legati con una cintura e una mela in mano. Camminava, attento a evitare le pozzanghere ancora ghiacciate. Ma la sua mente, come sempre, galoppava.

Quando si erano trasferiti nella cittadina di Rigby, quattro anni prima, Philo aveva scoperto diverse cose interessanti nella casa nuova: i proprietari precedenti avevano lasciato un generatore elettrico funzionante, qualche vecchio motore, altre apparecchiature elettriche guaste e, soprattutto, una pila alta cosí di riviste tecniche in soffitta. Parlavano di elettricità, soprattutto, e della nascente elettronica. Philo le aveva letteralmente divorate, cominciando subito a condurre esperimenti con la corrente elettrica di casa.

Una delle cose di cui aveva letto e che l'aveva colpito di piú era un articolo sulla televisione. Il termine era stato coniato alla fine del secolo precedente, e alcune tecnologie stavano cominciando a essere sviluppate. La maggior parte richiedeva dei dischi forati che giravano vorticosamente, sezionando letteralmente l'immagine in modo che un sensore potesse captarne la luce in piccoli segmenti, trasformarla in impulsi elettrici, per poi trasmetterla via cavo o via radio. Concetto molto interessante per Philo, anche se i risultati ottenuti erano stati, fino a quel momento, scarsissimi. Le immagini riprodotte erano macchie sfocate e con una risoluzione talmente bassa che ci voleva una dose enorme di fantasia per riuscire a scorgere al loro interno l'oggetto ripreso in origine.

Nelle ultime settimane, Philo aveva cominciato a farsi un'idea diversa. E quel giorno ne avrebbe parlato al docente di chimica, il professor Tolman. Non tanto perché l'argomento fosse legato alla materia trattata dal prof, quanto perché Tolman era un uomo intelligente, di ampie vedute e con cui Philo aveva sviluppato un ottimo rapporto. Lui avrebbe saputo dargli il giusto consiglio, di questo era certo.

Quel giorno, chimica era alla terza ora. Philo cercò di prestare attenzione alle lezioni precedenti, ma non c'era niente da fare: nella sua testa continuava a ripetere l'esposizione della sua idea, rivedendola e correggendola strada facendo.

Quando finalmente giunse la terza ora e fu il momento di entrare nell'aula di chimica, Philo puntò direttamente verso la scrivania del professore.

– Buongiorno, Farnsworth. Stiamo bene? – disse il professore, sorridendo. Era abbastanza giovane, poco piú che trentenne, e riteneva che Philo fosse il suo studente piú promettente.

– Ho bisogno di un suo consiglio, professor Tolman. Riguardo a un'idea che ho avuto.

La maggior parte degli allievi era già seduta al proprio posto. – Se vuoi, possiamo parlarne dopo scuola. Vieni pure a cercarmi qui, ti aspetterò.

E cosí, dopo un'altra manciata di ore passate a cercare di concentrarsi, Philo rientrò nell'aula di chimica dove, come promesso, Tolman lo stava aspettando.

– Dimmi tutto, – lo esortò questi.

– È la televisione, – disse Philo, avvicinando una seggiola alla cattedra. – Non credo che funzionerà mai.

– Uh. E perché?

– Perché quei dischi non gireranno mai abbastanza rapidamente, e i fori non saranno mai abbastanza, né abbastanza piccoli –. Philo parlava in fretta, le parole che si accavallavano una sull'altra.

– Ehi, ehi, aspetta. Di cosa stai parlando esattamente?

– Il disco di Nipkow. Sa di cosa si tratta?

Tolman esitò. Tirò le labbra cercando di sorridere. – In realtà, no, – ammise.

Farnsworth si alzò e andò alla lavagna. – Posso? – chiese, ma aveva già in mano un gessetto. Tracciò una serie di cerchi concentrici e su ogni cerchio disegnò un quadratino, ognuno in una posizione diversa in modo che formassero una specie di spirale. – Questo affare gira rapidamente, ogni foro cattura la luce per un breve tratto, quindi lascia passare una linea di luce. A ogni giro, l'immagine viene scomposta in un numero di linee. Il sensore le rileva e le trasforma in impulsi elettronici.

– Chiaro, – affermò Tolman.

– È qui il problema, prof. Quanto devono essere piccoli questi fori? Quanti ce ne devono essere per scomporre l'immagine in linee, senza che perda la sua qualità?

– Non saprei. Ma tu come fai a conoscere tutte queste cose, Farnsworth?

– Ho letto delle riviste tecniche che ho trovato in soffitta, – spiegò il ragazzo, liquidando l'argomento. – Il punto è che io ho un'altra idea.

Tolman allargò gli occhi. Farnsworth era un allievo acuto e promettente, ma restava un ragazzo di sedici anni. – Sentiamo.

Da un libro, Philo estrasse un foglio di carta piegato a metà e lo dispose sulla cattedra. – Le ho fatto uno schizzo, guardi. Io penso che dovremmo usare un fascio di elettroni per leggere l'immagine. Può essere piccolo quanto vogliamo, cosí possiamo scomporre l'immagine in molte piú righe. Ed è velocissimo, quindi possiamo farlo molte piú volte al secondo rispetto a un disco che deve girare.

Il prof abbassò gli occhi e studiò il disegno. Era uno schizzo, nulla di piú, con il tratto disordinato di un ragazzo che ha fretta di mettere su carta le sue idee. Ma, per quanto ne capisse Tolman, era rivoluzionario. E forse poteva anche funzionare.

– Io sono un professore di chimica, Farnsworth. Forse dovresti parlarne con il collega di fisica...

– Io mi fido di lei, prof.

Tolman non poté fare a meno di sorridere. Queste dichiarazioni di stima erano l'aspetto migliore dell'insegnamento. – Secondo me, questa cosa potrebbe essere interessante.

– Quindi che devo fare?

– Occorre provarla. Devi trovare il modo di costruirla e verificare che funzioni. Potrebbero essere necessari degli anni e una discreta somma economica.

– Sí. Giusto. Chiederò a mio padre se può aiutarmi a trovare dei finanziatori.

– C'è un'altra cosa, Farnsworth.

Il ragazzo lo guardava, colmo di aspettativa.

– Se, e sottolineo «se». Se questo aggeggio funziona, e ha davvero tutto quel vantaggio rispetto ai dischi rotanti... be', potrebbe divenire causa di notevoli interessi economici.

– Intende dire...

Il prof mise le mani avanti. – No. Non intendo dire nulla. Ripeto: non sono esperto di questa materia, non sono in grado di valutare

che valore possa avere. Ma tu mi hai detto che volevi un consiglio, e un consiglio posso dartelo: se riesci a costruire questo aggeggio, e salta fuori che funziona, allora non perdere tempo e brevettalo immediatamente. Non si sa mai.

– Giusto, – disse Farnsworth. – Non ci avevo pensato.

Tolman guardò di nuovo il disegno, poi il ragazzo. – Davvero hai pensato questa cosa, Farnsworth? È incredibile...

Philo Farnsworth trovò i soldi per cominciare i suoi esperimenti quattro anni piú tardi e l'anno successivo, a ventuno anni, sviluppò il suo tubo «disettore» dell'immagine, completamente elettronico e senza parti in movimento: il cuore della telecamera. Le immagini catturate e trasmesse con la tecnologia di Philo erano nitide e riconoscibili: tutta la storia della televisione moderna si basa su quell'invenzione. Poco piú tardi, una grossa azienda elettronica (la RCA), dopo aver visitato il laboratorio di Farnsworth, sviluppò un sistema molto simile, dichiarando che fosse precedente a quello di Philo. Ne scoppiò una battaglia legale che si risolse solo dieci anni dopo, con l'attribuzione a Farnsworth della paternità dell'invenzione. All'esito favorevole contribuí anche la testimonianza del professor Tolman, che mostrò al giudice quel disegno del 1922, conservato con cura dal professore per tutti quegli anni.

GLI ANTIBIOTICI
LA MUFFA MIRACOLOSA

1928, ospedale di San Mary, Londra

Il giovane dottor Merlin Pryce passò di fronte al laboratorio di Alexander Fleming. Era una mattina di fine agosto e nella piccola stanza stipata di alambicchi, storte, boccette e bottiglie di vetro, microscopi e bilance, fornelli e centrifughe, non c'era nessuno.

Pryce aveva lavorato per due anni con Fleming, facendogli da assistente nelle sue ricerche, prima che la propria carriera universitaria lo portasse verso altri dipartimenti e altri studi. Ma i due anni di lavoro, gomito a gomito nell'angusto laboratorio, avevano trasformato il rapporto iniziale tra maestro e allievo in quello tra due colleghi prima, e due amici poi.

– Che disordine, – commentò.

Sapeva che Fleming sarebbe rientrato dalle vacanze entro pochi giorni.

La squadra tecnica che avrebbe dovuto mantenere in ordine e pulito il laboratorio stava rifiutandosi di lavorare. C'era qualche protesta in corso, legata allo stipendio, alle vacanze, o a qualcosa d'altro che Pryce non aveva capito.

– Se Flem torna e lo trova in questo stato, gli viene un colpo, – ragionò, entrando nella stanza. Aveva la mattina libera, e conosceva il laboratorio come le sue tasche: avrebbe fatto volentieri un favore al suo amico.

Rimise gli strumenti al loro posto, riordinò i flaconi di reagenti, lavò provette e misurini.

Su una mensola proprio sotto alla piccola finestra che non veniva mai aperta (a causa della quantità di oggetti che vi erano accatastati di fronte) c'era una pila di capsule di Petri. Si trattava di piccoli recipienti tondi di vetro, larghi come un piattino da caffè e alti un dito. Ognuno aveva il suo coperchio. Gli studiosi di biologia li utilizzavano per far crescere coltivazioni di batteri, di muffe e forme di vita elementare, al fine di studiarle e capirle. Alcune delle capsule erano pulite: Pryce le impilò nell'armadietto dove avrebbero dovuto stare.

Altre, invece, contenevano delle colture. Pryce, incuriosito, ne mise una sotto al microscopio. – Stafilococchi, – decretò, citando il nome tecnico dei batteri che stavano proliferando sul piatto. – Cosa ne faccio? – si chiese. Evidentemente, Fleming aveva avviato le colture prima di partire per le vacanze, qualche settimana prima. Forse le avrebbe volute studiare al suo ritorno. Le mise da parte, in un angolo della mensola.

– Ah! – esclamò, prendendo in mano l'ultima capsula di vetro. Oltre alla coltivazione di batteri, il piatto era parzialmente ricoperto di una muffa di un colore a metà strada tra il verde e l'azzurro. – Questa è stata contaminata.

I motivi potevano essere tanti: la capsula di Petri poteva non essere stata perfettamente pulita. O un assistente incauto poteva averci lasciato cadere sopra una goccia di sudore, o poteva averla sfiorata con uno strumento non sterilizzato. Succedeva. Di solito le coltivazioni contaminate venivano gettate via.

Pryce stava per fare lo stesso. Si era già procurato una spatola per raschiare il contenuto del disco, quando lo osservò meglio. Attorno alla muffa, lo stafilococco sembrava aver fatto una brutta fine. Incuriosito, Pryce mise la capsula di Petri sotto al microscopio. Aveva ragione: i batteri a ridosso della muffa erano morti. Una strage.

– Questo devo farlo vedere a Flem, – disse. Il lavoro che Fleming stava conducendo in laboratorio era proprio quello: trovare un modo per eliminare gli stafilococchi, una delle principali cause di infezione. Forse la soluzione al problema si trovava in quella capsula di Petri. Pryce la mise da parte in un armadio, dove era sicuro che nessuno l'avrebbe gettata via per sbaglio.

Il lunedí successivo, Fleming passò dal laboratorio. Aveva interrotto le sue vacanze per venire a dare alcune istruzioni al suo nuovo assistente, Stuart Craddock. I due stavano parlando nel piccolo laboratorio tenendo, come sempre, la porta aperta. Pryce passò lí davanti, diretto in biblioteca, quando li vide.

– Flem! – lo salutò. – Sei tornato dalle vacanze?

Il professore lo accolse con un largo sorriso. Le sopracciglia cespugliose si alzarono.
– Pryce, ragazzo mio! No, sono solo di passaggio, volevo dare alcune indicazioni al baldo Craddock.

Il giovane assistente lo salutò timidamente.
– Dottor Pryce...

Pryce gli diede una pacca sulla spalla. – Su con la vita, Craddock. Flem non è il mostro famelico che dipingono tutti! Ti troverai benissimo con lui. È un ottimo insegnante.

– Ehi! – protestò il professore. – Non osare sminuire la fama che mi sono costruito faticosamente nel corso degli anni, Pryce!

– Senti, – disse Pryce, facendosi serio. – Devo mostrarti una cosa.

– Io vado a prendere le cose che mi ha chiesto, professore, – si congedò Craddock, lasciandoli soli.

Pryce prelevò la capsula di Petri dall'armadietto. – Guarda.

Fleming le diede un'occhiata veloce e poi la restituí a Pryce. – Succede. A volte si contaminano.

Pryce scosse la testa e rimise la capsula nelle mani del professore. – Guarda meglio. Attorno alla muffa.

Fleming inforcò gli occhiali, si spostò vicino alla finestrella per catturare meglio la luce e avvicinò agli occhi la capsula. Aprí la bocca come per dire qualcosa, poi la richiuse e osservò ancora un po'. Di nuovo, la sua bocca si aprí ma poi si richiuse. Portò la capsula al microscopio e rimase a studiarla per diversi momenti.

– Questo è buffo, – disse infine.

Pryce annuí.

Ancora una contemplazione attraverso il microscopio. Poi: – Idee?

Pryce incrociò le braccia. Si guardò in

giro: erano passati alcuni mesi da quando il suo incarico di assistente di Fleming era terminato. Ma due anni passati in compagnia degli stafilococchi non si dimenticavano facilmente. – Secondo me, – disse misurando le parole, – quella muffa produce qualcosa che uccide i batteri. Gli stafilococchi, almeno.

– Già, – mormorò Fleming, che non riusciva a togliere gli occhi dal microscopio. – Tu sai cosa significa questo? Potremmo essere molto vicini alla nostra meta.

Pryce lo interruppe. – Tu potresti. Io ormai non mi occupo piú di batteri.

Fleming lo guardò. – Sí, ma... tu hai notato questa cosa per primo.

Un gesto della mano, come a voler cancellare una lavagna. – Io? – esclamò Pryce. – Io ho solo messo un po' di ordine nel laboratorio, cosa che avrebbero dovuto fare gli inservienti se non avessero incrociato le braccia per questa o quella protesta. Passavo di qui e ho riordinato le cose. E ho visto un po' di muffa, nient'altro. Flem, questa è la tua ricerca.

Fleming si alzò. – Posso farti tornare in questo laboratorio, Merlin. Possiamo portare avanti questa ricerca insieme.

Pryce sorrise, appoggiò una mano sulla spalla del professore. – Ti ho sempre rispettato, prof. E ti considero un mio caro amico. Grazie, ma... no, grazie. Ho la mia strada da seguire: questa è la tua.

Fleming ebbe molte difficoltà a isolare il principio attivo generato dalla muffa. Quando ci riusciva, questo si manteneva solo per poche ore per poi diventare inutile. A ogni modo, pubblicò le sue scoperte l'anno successivo ma vista la limitata efficacia non riscosse molto

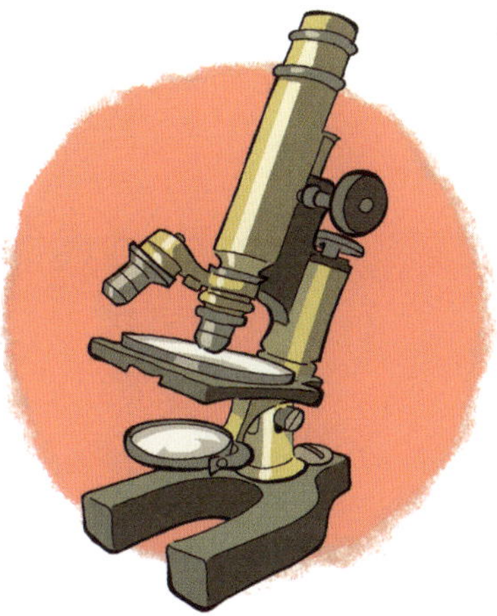

interesse. Fu solo nel 1940 che, per far fronte alle innumerevoli infezioni da ferita provocate dalla Seconda Guerra Mondiale, due chimici, Howard Florey ed Ernst Chain, ripresero in mano il lavoro di Fleming e riuscirono a purificare la penicillina fino a renderla il primo, efficacissimo, antibiotico. Fleming, insieme a Florey e Chain, fu insignito del premio Nobel per la medicina nel 1945. Pryce si tenne in disparte, continuando a essere uno dei migliori amici di Fleming.

IL FORNO A MICROONDE
DALLA GUERRA AI POP-CORN

1945, Massachusetts, Stati Uniti d'America

La fine della Seconda Guerra Mondiale era ormai vicina, la si sentiva nell'aria. La guerra in Europa era terminata, quella sull'oceano pacifico era agli sgoccioli. Pace, finalmente?

Percy Spencer era un uomo felice.

Cinque anni prima era stato convocato nell'ufficio del suo direttore. Lavorava alla Raytheon già da alcuni anni ed era arrivato a occupare la posizione di capo ingegnere in una delle divisioni elettroniche della società americana.

– Percy, – gli aveva detto il direttore mettendogli in mano una scatola di legno con la dicitura Top Secret, segretissimo. – Apri. Lo sai cos'è quell'affare?

Spencer aveva sollevato il coperchio, fatto da parte la paglia dell'imballaggio e ne aveva estratto un tubo di lucido ottone e vetro. – No, – aveva ammesso.

– Quello è un generatore di microonde. Si chiama «magnetron», lo producono i nostri amici inglesi. Sai a cosa serve?

Questo, Spencer lo sapeva. Gli inglesi avevano appena inventato il radar, strumento che riusciva a individuare a enormi distanze la presenza di bombardieri nell'aria o di navi sul mare. Per funzionare, emetteva delle onde radio ad altissima frequenza, dette microonde. Se i raggi colpivano un oggetto tornavano indietro e, grazie a un'antenna, il radar poteva individuarli. Spencer aveva recitato al direttore tutto quello che sapeva sui radar, come se fosse stata un'interrogazione scolastica.

– Molto bene, – aveva continuato il direttore.

– È uno strumento di grande complessità costruttiva. Al momento gli inglesi riescono a sfornarne diciassette esemplari al giorno. Non uno di piú. Non bastano. Sono stati presi accordi affinché noi li si aiuti.

L'ingegnere aveva capito tutto. Doveva produrre il magnetron. E se fosse riuscito a trovare un sistema per accelerare la produzione, tanto meglio.

Spencer era un uomo felice perché era riuscito nel suo compito: la Raytheon, grazie alle sue modifiche progettuali al modello inglese, quel giorno era arrivata a produrre duemila e seicento magnetron. In un solo giorno.

Ed era talmente felice che aveva deciso di concedersi una pausa dalla dieta ferrea che sua moglie gli imponeva. Si era procurato una tavoletta di cioccolato e già si pregustava il momento in cui la deliziosa sostanza gli si sarebbe sciolta in bocca. Aveva appoggiato la tavoletta sulla sua scrivania e la stava osservando con venerazione, ma proprio quando stava per cominciare la sua piccola festa privata, squillò il telefono.

Un sospiro, un'imprecazione tra i denti, poi sollevò la cornetta.

– Capo, può scendere in laboratorio?

Altro sospiro. Altra imprecazione tra i denti.
– Arrivo, – sbuffò.

Il laboratorio era in un'altra palazzina. Sarebbe stato via per molti minuti. Non poteva lasciare incustodita la tavoletta di cioccolato. Se la infilò nel taschino della camicia, insieme alle matite e al regolo calcolatore, e si incamminò.

Il problema che angustiava il personale del laboratorio, come spesso accadeva, non era un problema affatto. Gli bastarono due minuti per capire la situazione e poco piú di due parole per risolverla.

– Accendete, – ordinò. – Vediamo come va.

Un tubo magnetron della nuova generazione era stato montato sul banco prova. Secondo le previsioni, avrebbe dovuto essere piú potente dei modelli precedenti, pur assorbendo meno energia.

Un assistente spostò un interruttore. Un leggero ronzio indicò che qualcosa stava funzionando, anche se non si vedeva nulla. Gli strumenti di rilevazione, però, sembravano contenti: gli aghi sui quadranti danzavano allegramente, e lucine qua e là sfavillavano con gioia.

– Molto bene, – commentò Spencer. – Direi che siamo sulla buona strada.

Ma l'assistente a cui si stava rivolgendo non sembrava sentirlo: aveva gli occhi fissi sul torace di Spencer.

– Che hai? – chiese lui, portandosi d'istinto una mano al petto.

C'era qualcosa di caldo, molle, appiccicoso che sembrava trasudare dal suo taschino. Guardò: era marrone. – Ma cosa diavolo...?

Estrasse le matite e il regolo calcolatore: la viscida sostanza aveva macchiato tutto. Tirò fuori la causa del problema: l'involucro della tavoletta di cioccolato era quasi vuoto. Il prelibato dolce si era sciolto.

– Mia mamma mi ha sempre detto che non si dovrebbe tenere il cioccolato in tasca, – commentò uno degli assistenti, attirandosi subito lo sguardo inviperito di Spencer.

– L'avevo appena messo, – sibilò. – Non può essersi già sciolto.

– Eppure… – Il giovane assistente, con tutta evidenza, non sapeva quando avrebbe fatto meglio a tacere.

– Stai zitto, – gli ordinò Spencer.

– Maledizione, maledizione, maledizione, – imprecò con tono sempre piú alto. – Il mio cioccolato!

Gli assistenti del gruppo si passarono alcune occhiate. Nessuno sapeva bene cosa fare. Uno di loro, mostrando una certa iniziativa, spostò l'interruttore e spense il generatore di microonde.

– Tu, – ordinò Spencer, indicando il ragazzo piú vicino alla porta. – Procurami un'altra camicia. Subito!

Il ragazzo sgattaiolò via. Spencer era un buon capo: i suoi sottoposti lo amavano perché trattava tutti con rispetto e dava sempre il buon esempio. Ma ogni tanto, raramente, si arrabbiava davvero e allora tutti sapevano come comportarsi: obbedire a testa bassa e attendere che la tempesta passasse.

Spencer stava toccando e sondando la sostanza molle su una delle sue matite. Era calda. Aveva accumulato molto piú calore di quanto il suo petto avrebbe potuto trasmetterle.

Si fermò, immobile. Era come perso in un pensiero. Poi, tutto d'un tratto: – Tu, – ordinò a un altro assistente. – Portami del mais.

– Mais, capo?

– Mais. Certo. Mai sentito parlare di mais? Cresce in pannocchie.

– Ma dove posso trovarlo? – balbettò il ragazzo, guardandosi intorno. Era un laboratorio di elettronica quello, non un bancone di articoli di ortofrutta.

Spencer fece un sospiro profondo, a occhi chiusi. – Non mi interessa dove. Esci. Trova un negozio. Portami del mais. Pensi di potercela fare?

Il ragazzo annuí e sgattaiolò via.

Nel frattempo era arrivata la nuova camicia. Spencer andò in un bagno a cambiarsi.

– D'ora in poi, – disse agli altri assistenti rientrando, – non voglio che vengano condotti esperimenti su magnetron cosí potenti senza che vi sia un'opportuna schermatura. Adesso, mentre aspettiamo il mais, troviamo dei pannelli di metallo da mettere attorno a quel tubo.

Quando l'assistente tornò con due pannocchie in mano, il magnetron era stato incapsulato in una struttura di lamiera e Spencer aveva superato il suo nervosismo. – Grazie, – disse sorridendo. Sgranò alcuni chicchi di mais e li mise di fronte al tubo.

– Energia, – ordinò al ragazzo responsabile dell'interruttore. Gli aghi degli strumenti danzarono, le luci sfavillarono. E, dopo qualche secondo, il mais scoppiò con una serie di sonori *pop*. – Spegni.

Spencer spostò la schermatura e assaggiò uno dei fiocchi candidi. – Ah! Avevo ragione. Le microonde scaldano gli alimenti! – esclamò. – Come abbiamo fatto a non accorgercene prima?

Uno degli assistenti indicò il cartello appeso sulla parete vicino all'ingresso.

VIETATO INTRODURRE CIBO NEL LABORATORIO diceva, a grosse lettere.

– Ah, – disse Spencer, scuotendo la testa. – D'accordo, togliete quel cartello inutile e sgraniamo queste pannocchie: oggi pop-corn per tutti!

I primi forni a microonde erano enormi e venivano usati solo nelle cucine delle navi. Poi la tecnologia consentí di realizzarne modelli sempre piú piccoli, fino a creare gli elettrodomestici oggi diffusissimi.

IL VIDEOGIOCO
LA MACCHINA DEL DIVERTIMENTO

1966, Nashua, New Hampshire, Stati Uniti d'America

Da piú di quindici anni Ralph Baer si era convinto che presto ogni casa avrebbe avuto un televisore e che questo, oltre a ricevere i programmi, sarebbe potuto essere un perfetto strumento con cui giocare e divertirsi.

Per tutto questo tempo Ralph aveva proposto ai suoi capi idee per sviluppare giochi per televisori, ma aveva ricevuto solo mezzi sorrisi, pacche sulle spalle, parole di vago incoraggiamento («Chissà... Vedremo...»), se non, addirittura, secchi rifiuti o calorosi inviti a dedicarsi alle cose che contavano davvero.

A furia di sentirlo insistere, però, il suo

diretto superiore presso la Sanders Associates, azienda che forniva elettronica all'esercito, aveva ceduto. Gli aveva concesso un paio di collaboratori (i due Bill) e una minuscola somma per finanziare le sue ricerche. Ma voleva dei risultati. Risultati buoni, promettenti... e in fretta.

– Abbiamo i tre punti, capo, – gli disse Bill Rusch, mentre Baer entrava nella piccola stanza dove portavano avanti il loro lavoro. – Ce l'abbiamo fatta!

Baer si avvicinò allo schermo. Era nero, fatta eccezione per due grossi punti quadrati e bianchi che se ne stavano buoni buoni, fermi sullo schermo. Un terzo puntino, appena piú piccolo, si muoveva avanti e indietro lungo una linea orizzontale rimbalzando tra i due punti piú grossi.

– Com'è la velocità? – chiese l'altro collaboratore, Bill Harrison.

– Passami il «coso», – rispose Baer. – L'unica è provare.

Il dispositivo per controllare il gioco non aveva ancora un nome ufficiale. Era un po' piú piccolo di una scatola da scarpe e aveva diverse manopole che uscivano da questo o quel lato. Ralph ne ruotò una, e uno dei punti si mosse verso destra. Poi ne girò un'altra, e il punto schizzò verso l'alto. Il punto piú piccolo, non trovando piú ostacoli lungo la sua traiettoria, uscí sul lato destro dello schermo.

Baer mosse insieme le due manopole ottenendo traiettorie piú complesse. Poi premette un tasto e fece comparire di nuovo il puntino. Con una terza manopola ne deviò un poco la traiettoria.

– Ragazzi, – esclamò balzando in piedi. – Ci siamo. Ottimo lavoro!

I due Bill lo osservavano. – Quindi? Che succede adesso?

Baer si aggiustò gli occhiali sul naso e si mise a passeggiare per la piccola stanza. Sembrava una tigre nella gabbia di un circo.

– È il momento di mostrare il nostro lavoro ai capi. Di dimostrare che ci siamo meritati quei quattro soldi che ci hanno concesso. Di dimostrare che avevo ragione! – Il tono della sua voce saliva di frase in frase.

Il frutto dei loro sforzi era una scatola di metallo con due dispositivi di controllo. Tutti grigi, sporchi, marchiati con segni

di pennarello indelebile. – Vuoi mostrare «quello» ai capi? – chiese Rusch.

Baer si fermò, osservò l'apparecchio, si grattò il mento. – Fa un po' schifo, in effetti.

– Già, – convenne Harrison. – Potremmo cercare di decorarla.

– Giusto! – gridò Baer. – Procurati della pellicola adesiva; quella color legno, con le venature tipo noce, o rovere, o che ne so. Rivestite questi affari. Io, intanto, organizzo la dimostrazione.

Il grande giorno arrivò. L'apparecchio, nella sua nuova veste finto-legno, era stato amorevolmente battezzato «scatola marrone». La piccola stanza, ripulita e vuotata di tutto ciò che non serviva, aveva solo uno schermo televisivo posto su un tavolo lungo una parete. Il videogioco era piazzato in bella mostra al suo fianco. Due sedie di fronte allo schermo, un'altra decina disposte su due file un poco piú indietro. C'era a malapena lo spazio per muoversi.

Ralph Baer condusse gli ospiti all'interno. Il suo diretto superiore sembrava ancora piú teso di Baer. Tutti gli altri avevano espressioni che spaziavano dall'annoiato all'infastidito. I due Bill erano già dentro, in piedi ai lati del tavolo. Pallidi, seri e silenziosi come due statue di gesso.

– Dunque, – cominciò Baer. E si ricordò che non si doveva mai cominciare con quella parola. – Dunque, – ripeté, suo malgrado. Si passò un dito tra gola e colletto della camicia. Perché gli mancava l'aria?

I suoi ospiti si scambiarono occhiate. Chi prima era solo annoiato, ora stava diventando infastidito.

– La nostra azienda produce accessori elettronici per l'esercito, – ricordò uno dei membri anziani del consiglio dell'azienda. Era seduto in seconda fila. – Non capisco perché siamo qui a parlare di... giochi –. Aveva fatto una piccola pausa prima dell'ultima parola. L'aveva pronunciata con disprezzo.

– Signore, – intervenne il capo di Ralph.

– Credo che sia corretto lasciare che il signor Baer esponga il risultato della sua ricerca...

Ralph lo ringraziò con un cenno della testa. – Dunque, – disse ancora una volta, ma cercò di fare finta di nulla. – Sono convinto che il televisore sia l'ideale per attività di gioco interattivo.

– Per esempio? – lo interruppe un altro. Baer non l'aveva mai visto. Aveva i capelli bianchi disposti a piccole onde: la sua testa sembrava un lago increspato dal vento. – E, soprattutto: perché?

– Credo che la cosa migliore sia provarlo, – suggerí Baer. Aveva capito che con le parole non sarebbe andato lontano. – Prego, – mormorò, mentre allungava uno dei due dispositivi di controllo a Ondine-in-testa. – Un altro volontario?

Il tizio con i capelli ondulati prese posto di fronte allo schermo. Ma nessun altro si mosse.

– D'accordo. Giocherò io con lei, allora, –

propose Baer, afferrando l'altro «coso». In due parole spiegò le semplici istruzioni all'avversario. – In pratica è come il tennis. Pronto?

Prima che l'altro avesse il tempo di rispondere, Ralph premette il pulsante e la pallina (il piú piccolo dei tre punti) comparve e attraversò lo schermo, evitando la racchetta (uno dei due punti piú grossi) dell'avversario. – Uno a zero, – disse Baer.

– In che senso?

Ralph gli spiegò di nuovo. Uno dei Bill si avvicinò per assisterlo.

– Due a zero, – esclamò Baer, quando la seconda pallina sfilò di fianco alla racchetta di Ondine-in-testa.

– Ne mandi un'altra, – ringhiò il vecchio. – Ora ho capito.

E infatti, la racchetta dell'uomo riuscí a colpire la pallina. Baer, invece, fece apposta a mancarla.

– Ha! L'ho fregata, giovanotto! – Si voltò

verso il pubblico, con il sorriso che gli copriva l'intero viso, per raccogliere un po' di complimenti. – Su, ne spari un'altra.

– Punto suo: deve rimetterla in campo lei, – intervenne Bill Harrison. – Prema qui.

La pallina attraversò lo schermo e, di nuovo, Baer la mancò di proposito.

– Due pari! – esultò Ondine-in-testa. – Pronto? Ne arriva un'altra!

Baer cominciò a impegnarsi, dosando gli errori volontari per mantenere alto l'interesse dell'avversario. Ma, scambio dopo scambio, Ondine diveniva sempre piú abile.

Presto, gli altri cominciarono a protestare.

– Ehi, – esclamò uno. – Voglio provare anch'io!

Baer si alzò e lasciò il posto. Era ciò che aveva sperato accadesse.

Un'ora piú tardi i dirigenti della Sanders Associates, nessuno escluso, stavano litigando e urlando poiché ognuno voleva giocare.

– Signori, – suggerí Baer, alzando le mani e sorridendo. – Perché non organizziamo un torneo?

La «scatola marrone» venne messa in vendita dalla casa Magnavox con il nome di Odyssey, con una serie di fogli di plastica colorata da attaccare allo schermo televisivo in modo da rendere piú realistici i giochi. Fu un successo. Ma la vera mania dei videogiochi casalinghi scoppiò quando la Atari, una casa concorrente, copiò il gioco di Baer e ne lanciò la propria versione: Pong.

INTERNET E IL WEB
LA RETE GLOBALE

1990, CERN, Ginevra, Svizzera

A quell'ora della notte c'erano solo due ricercatori, entrambi specializzati in computer e informatica. La stanza, un'ampia sala illuminata con file e file di luci al neon, avrà avuto una cinquantina di postazioni di lavoro, e almeno un numero doppio di computer. I grossi monitor, sempre accesi, lottavano per trovare spazio sulle scrivanie affogate di fogli volanti, raccoglitori, libri, blocchi per appunti, calcolatrici, ma anche peluche, bamboline e soldatini, piccoli bonsai e micro-cactus.

I due erano un inglese e un belga,Timothy Berners-Lee e Robert Cailliau. Al CERN era la norma che i colleghi di lavoro provenissero da paesi diversi. Era proprio l'ambiente cosí vario a favorire l'apertura mentale e, quindi, il successo delle ricerche: ogni nazionalità aveva, sí, i suoi difetti, ma anche i suoi punti di forza, e la miscela che ne veniva fuori era vincente.

Timothy Berners-Lee si lasciò scappare un'altra imprecazione. Robert Cailliau, invece, si lasciò scappare un sorriso. Era sempre cosí: Tim era una persona pacata, di solito, ma quando gli saltava la mosca al naso non teneva certo a freno la lingua.

– Che hai? – chiese il belga.

– Ho... Cosa vuoi che abbia? Ho sempre i soliti, stramaledetti, dannati, problemi.

Cailliau si alzò e, muovendosi con misurata lentezza, raggiunse la postazione dell'amico. – Posso aiutarti?

– Ti ricordi quale programma serve per accedere a quei dati di cui parlavamo stamattina? Quelli di Dobson, dell'università di Boston.

Il belga si portò una mano al viso, pizzicandosi la radice del naso. Strinse gli occhi. Pensava. – Credo che tu debba usare il... –. Pensò ancora un po', poi la risposta gli venne in mente. – Il Dataplex, – esclamò con aria trionfale.

Ma l'amico non reagí nel modo sperato. Invece di ringraziarlo, imprecò di nuovo.

– Che hai adesso?

– Non lo conosco, il Dataplex, – sibilò l'inglese, gli occhi stretti stretti, le labbra tirate.

– Dài, sposta le chiappe. Ci penso io, – suggerí Robert, elargendo una pacca sulle spalle dell'amico e cominciando a digitare sulla tastiera. Le sue dita sembravano volare. – Ecco fatto, amico, – esultò dopo qualche minuto. – I dati di Dobson sono qui, tutti per te.

Tim tornò al suo posto. – Grazie, – disse. E poi: – Comunque, cosí non si può andare avanti.

Da qualche anno, molti dei computer di molte delle università del mondo erano collegati insieme. In teoria, chiunque poteva accedere a tutte le informazioni che gli potessero servire. Ma c'era il problema che ogni computer era diverso, e ognuno

vi registrava i dati con i programmi o con i metodi che preferiva. Questa «babele» di linguaggi e sistemi rendeva la condivisione delle informazioni spesso molto complessa, a volte addirittura impossibile.

– Su questo sono d'accordo, Tim. Ma non credo si possa fare nulla: se vai a farti un giro in bicicletta in Germania, devi parlare tedesco. Se vai al mare in Francia, devi capire il francese. Allo stesso modo, se entri nel computer di Dobson, devi usare Dataplex. Tu vorresti che, sul tuo computer, ti venisse imposto quali programmi usare, come registrare i tuoi dati? Dài, è un mondo libero, no?

– Se vado in Germania, o in Francia, posso anche parlare inglese, – protestò Tim.

Il belga scoppiò a ridere. – Chiaro: voi inglesi siete negati per le lingue straniere. Avete costretto tutti gli altri ad adeguarsi...

Tim si alzò in piedi, e prese a camminare per la stanza tra le file di scrivanie e le matasse di cavi sul pavimento. Agitava le braccia, era infervorato. – Appunto! Tutta la comunità scientifica parla in inglese: non è piú comodo cosí? Se troviamo una lingua comune anche per i dati, ognuno potrà arrivare davvero a tutte le informazioni che sono oggi disponibili nella rete informatica.

Cailliau, mezzo seduto sul piano della sua scrivania, un gomito appoggiato su uno dei suoi monitor, osservava l'amico. Non rideva piú: era troppo concentrato. – Ti seguo, – disse. – Dimmi di piú.

– Non lo so. Un modo con il quale se digito il nome dei dati che sto cercando, questi mi arrivano. Cosí, senza fatica.

Parlarono, discussero, si scambiarono opinioni. Per tutta la notte, per i giorni e le settimane che seguirono. Le idee rimbalzavano tra le loro menti, affinandosi a ogni passaggio. Tim sviluppò un sistema di condivisione dei dati che poteva essere usato da tutti. Un programma chiamato «server» avrebbe inviato le informazioni a chi le richiedeva, un programma chiamato «navigatore» avrebbe permesso di visualizzarle. Sempre gli stessi programmi: snelli, flessibili, facili da usare... ma che permettevano di gestire tutti i tipi di informazione organizzandole in «pagine» e «siti», lasciando grande libertà creativa.

Un giorno, quando la ricerca era quasi terminata, il belga prese sottobraccio l'amico. – Come la chiamiamo questa meraviglia, Tim?

– Ci ho pensato: «World Wide Web», la rete che spazia su tutto il mondo. Ti piace?

– Da morire –. Abbassò il tono della voce, si fece serio. – Ci sarà da fare un bel gruzzoletto, qui. Lo sai?

Tim scosse la testa. – No. Sarebbe un errore. Con il Web le informazioni potranno davvero essere universali: non sarebbe corretto pretendere che ci venga pagato il dazio per ogni scambio di dati. E poi, se vogliamo che si diffonda in fretta, deve per forza essere gratuito. Pensa a come procederanno piú velocemente le ricerche scientifiche, senza tutto il tempo buttato via a correre dietro alle informazioni!

Cailliau annuí. – Hai ragione. Sono d'accordo con te.

Dopo solo tre mesi di lavoro, i programmi erano pronti.

– E ora? – chiese Cailliau.

– Ora partiamo, e speriamo che piú persone possibili si uniscano al nostro viaggio.

Il primo «sito web» venne realizzato. Era una semplice pagina che spiegava come funzionava il sistema e che invitava tutti a utilizzarlo, gratuitamente, per diffondere i propri dati e le proprie informazioni.

Il successo fu globale, assoluto, incredibile. I siti, cioè le pagine di informazioni, cominciarono a spuntare come i boccioli a primavera. Decine, centinaia, migliaia, poi milioni di nuovi siti. Ogni giorno un numero sempre maggiore si aggiungeva alla rete.

E, nonostante il progetto fosse nato per la comunità scientifica con l'obiettivo di dare piú energia alle ricerche, presto il Web sfondò le frontiere delle università e cominciò a diventare un mezzo per divulgare qualsiasi tipo di informazione: notizie, immagini, pubblicità, previsioni meteorologiche. Qualsiasi cosa.

Tim e Robert non credevano ai loro occhi. Avevano dato il via a un terremoto informatico che avrebbe cambiato per sempre il mondo. E l'avevano fatto in soli tre mesi.

E, come ogni tanto Robert si rammaricava, non ci avrebbero mai guadagnato nulla. Ma non lo diceva sul serio: come Tim, anche lui era davvero orgoglioso di quello che aveva fatto.

Il successo del World Wide Web fu talmente enorme che il suo nome originario venne quasi dimenticato, e tutti cominciarono a chiamarlo semplicemente «Internet». Ma la sua origine si trova ancora in quelle tre lettere con cui, nella maggior parte dei casi, gli indirizzi dei siti cominciano: «www», proprio per definirli appartenenti al World Wide Web. Il primo sito creato da Tim è ancora online. Lo si trova all'indirizzo: http://info.cern.ch/hypertext/WWW/TheProject.html. Non è ricco di grafica, o colori, o effetti speciali come quelli a cui siamo abituati ad accedere oggi, ma è stata la miccia che ha acceso la rivoluzione digitale.

Indice

L'autore

Christian Hill è un ingegnere aeronautico che, subito dopo la laurea, ha deciso che non voleva fare l'ingegnere. Cosí si è dedicato al giornalismo, alla scrittura, alla fotografia e ai giochi. Gli aeroplani, però, sono sempre rimasti nel suo cuore.

Con Einaudi Ragazzi ha pubblicato *Il volo dell'*Asso di Picche (collana «Carta Bianca»).

Vive a Milano, dove si dedica alla narrativa per ragazzi.